Dr. Gerlinde Hausner

Pilze

Die wichtigsten Speise- und Giftpilze

Die Deutsche Bibliothek –
CIP-Einheitsaufnahme

Pilze : die wichtigsten Speise- und
Giftpilze / Gerlinde Hausner. –
8. Aufl., – München ;
Wien ; Zürich : BLV, 2000
(BLV-Naturführer)
ISBN 3-405-15110-4

Hinweis

Der Speisewert der in diesem Buch behandelten Pilze wurde nach bestem Wissen sowei neuestem Kenntnisstand angegeben. Wer Pilze ißt, handelt jedoch auf eigene Verantwortung, da Autor und Verlag werder etwaige individuelle Unverträglichkeiten noch die Sammelgewohnheiten des Einzelnen kennen. Wir warnen allgemein vor dem Genuß zu alter Pilze, generell aber vor Rohverzehr. Das Prädikat »eßbar« bezieht sich stets auf den durch Kochen, Braten oder andere Hitzebehandlung zubereiteten Pilz, sofern nichts anderes vermerkt.

BLV Verlagsgesellschaft mbH
München Wien Zürich
80797 München

8. Auflage

BLV Naturführer

Lektorat: Dr. Friedrich Kögel
Umschlagentwurf: Studio Schübel, München
Satz und Druck: Appl, Wemding
Bindung: Auer, Donauwörth

Gedruckt auf chlorfrei gebleichtem Papier

Printed in Germany
ISBN 3-405-15110-4

Bildnachweis

Elfner/Angermayer: 93
Gerhardt, E.: 21 o, 31 u, 41 o, 65 o, 75 o, 79 o, 85 ur, 91 u, 97 o, 107 o, 113 o
Gerhardt, M.: 25 o, 65 u, 91 o, 97 u, 107 u, 117 o
Géza: 111 u
Köster/Angermayer: 53 u, 95 o
Nuß: 23 u, 39 o, 57 u, 81 o, 99 o, 109 o, 111 o, 119 o
Pfletschinger/Angermayer: 81 u
Pforr: 71 u, 85 o
Reinhard: 49, 51, 123 u
Schrempp: 35 u, 37 o

Foto S. 2/3: Hausner (Violetter Rötelritterling
Fotos auf dem Umschlag:
Gerhardt, E. (Steinpilz, Vorderseite);
Hausner (Speise-Morchel, Rückseite)

Alle anderen Fotos sowie die Zeichnungen stammen vom Autor

Einführung

Mit der Suche und dem Sammeln von Pilzen verbinden die meisten Menschen wohl den Wunsch, diese Köstlichkeiten anschließend verzehren zu können. Diesem verständlichen Begehren sind jedoch einige Grenzen gesetzt, da bekanntermaßen neben Speisepilzen auch eine ganze Reihe giftiger Pilze existieren, zu deren Identifizierung es außer einer genauen Artenkenntnis keine allgemeingültigen Richtlinien gibt. Insbesondere beim Sammeln von Pilzen sind Leichtsinn und/oder Unwissenheit lebensgefährlich!

Lebensweise und Gefährdung der Pilze

Das, was uns im Wald als »Pilz« begegnet und zu Nahrungszwecken gesammelt wird, ist nur ein Teil, nämlich der Fruchtkörper eines Pilzes, dessen Aufgabe es ist, eine riesige Zahl von Sporen zu produzieren, die der Erhaltung und Verbreitung der Art dienen.

Während die Fruchtkörper oft nur für wenige Tage oder gar Stunden über dem Erdboden erscheinen, befindet sich der eigentliche Vegetationskörper des Pilzes im Erdboden in Form eines mit bloßem Auge kaum sichtbaren, feinen, spinnwebartigen Geflechtes, das als Mycel bezeichnet wird. Es besteht aus langgestreckten, fadenartig aneinandergereihten Zellen, die auch vielfach verzweigt sein können. Solche Zellfäden bezeichnet man als Hyphen.

An der Basis eines Fruchtkörpers vereinigen sich oft viele der feinen Hyphen, die selbst oft nur ca. 5 tausendstel Millimeter Durchmesser haben, zu dicken Mycelsträngen, sog. Rhizomorphen, die man bei vorsichtigem Ausgraben z.B. von Fruchtkörpern des Breitblättrigen Rüblings (vgl. S. 73 oben) sehen kann.

Im Gegensatz zu grünen Pflanzen, die assimilieren und damit autotroph sind, d.h. sich selbst ernähren können, bezeichnet man Tiere und Pilze als heterotroph. Sie benötigen von Pflanzen produziertes organisches Material zu ihrer Ernährung. Pilze, die totes organisches Material zu ihrer Ernährung verwenden, sind Saprophyten (Fäulnisbewohner). Dieser Gruppe gehört die Mehrzahl der Pilze an, die – zusammen mit anderen niederen Organismen wie Bakterien – dafür sorgen, daß Laub, totes Holz usw. abgebaut und wieder in den biologischen Kreislauf zurückgeführt werden.

Neben den Saprophyten existieren noch eine ganze Reihe parasitischer Pilze, die als Schmarotzer lebende Organismen (meist Pflanzen) ausbeuten und oft schwere Schäden an ihren Wirten verursachen.

Eine dritte Gruppe, die sog. Mykorrhiza-Pilze, lebt in enger Gemeinschaft mit Waldbäumen. Diese Lebensgemeinschaft (Symbiose) von Pilz und höherer Pflanze (meist Bäume) bezeichnet man als Mykorrhiza (»Pilzwurzel«). Dabei werden die Wurzelspitzen von Pilzhyphen eng umsponnen, diese dringen zum Teil auch in die Wurzel ein, und es kommt zu einem Stoffaustausch.

Einige Pilzarten treten fakultativ (wahlweise) als Saprophyten, Parasiten oder Mykorrhiza-Pilze auf.

Durch ihre Lebens- und Ernährungsweise sind die Pilze zur Aufrechterhaltung des Gleichgewichtes in der Natur von ausschlaggebender Bedeutung und nicht zu ersetzen. Diese Funktion erfüllen Speisepilze und Giftpilze in gleicher Weise.

Jeder Pilzsammler sollte sich darüber im klaren sein, daß er im eigenen Interesse nicht mehr Fruchtkörper pflückt, als unbedingt nötig. Das mutwillige Ausreißen, Umwerfen und Zertrampeln von Pilzen zeugt von einem völligen Unverständnis für biologische Zusammenhänge, das zwangsläufig zu immer stärkerer Zerstörung der Natur führen muß.

Die vom Bundesamt für Naturschutz veröffentlichte »Rote Liste gefährdeter Pflanzen Deutschlands« (Ausgabe 1996) charakterisiert von den wenigen (100) in diesem Buch beschriebenen Pilzarten allein 12 Arten als in ihrem Bestand stark gefährdet bzw. (potentiell) gefährdet, desgleichen 10 der im Text erwähnten Arten. Nach der »Bundesartenschutzverordnung« sind nicht nur sämtliche Morcheln, Pfifferlinge, Birkenpilze und Rotkappen, sondern auch Steinpilz und Brätling neben vielen anderen Pilzen als »besonders geschützte Arten« ausgewiesen. Hinweise befinden sich bei den jeweiligen Artbeschreibungen. Fruchtkörper auch der geschützten Arten dürfen aber in geringen Mengen für den eigenen Bedarf der Natur entnommen werden.

Entwicklung und Vermehrung der Pilze

Anlagen von Pilzfruchtkörpern entstehen am Mycel als kleine, kugelige Anschwellungen (Mycelverdichtungen); sehr früh erfolgt dann bei den Lamellenpilzen die Anlage von Hut, Lamellen und Stiel. Die Sporen werden unter Reduktion (Halbierung) des Chromosomensatzes von besonderen Zellen (Meiosporangien) gebildet, die meist in einer geschlossenen Fruchtschicht, dem sog. Hymenium, angeordnet sind. (Übrigens können Pilze auch auf andere Weise Sporen produzieren.) Die Fruchtschicht überzieht meist bestimmte Teile der Außenseite des Pilzfruchtkörpers, die häufig zum Zwecke der Oberflächenvergrößerung charakteristische Strukturen aufweist, wie Lamellen, Röhren, Stacheln usw. Bei manchen Gruppen werden die Sporen aber auch im Inneren der Fruchtkörper gebildet (Trüffeln, Bauchpilze).

Bei den höheren Pilzen unterscheidet man 2 grundsätzlich verschiedene Typen von sporenerzeugenden Zellen (sog. Meiosporangien): den Schlauch oder Ascus (Pl.: Asci) der Schlauchpilze (Ascomyceten) und die Basidie der Basidienpilze (Ständerpilze, Basidiomyceten).

Die Grundform des Ascus ist eine langgestreckte, schlauchförmige Zelle, in deren Innerem meist 8 Ascosporen erzeugt werden, während die Basidie typischerweise eine keulenförmige Gestalt besitzt, und die meist in 4-Zahl gebildeten Basidiosporen an kleinen stiel- oder handschuhfingerförmigen Ausstülpungen (Sterigmen) abgeschnürt werden (s. Abb.). Abweichungen von den abgebildeten Ascus- bzw. Basidienformen sowie der Sporenzahl sind nicht selten.

Sowohl Asci als auch Basidien sind nur mit Hilfe eines guten Mikroskops sichtbar, ebenso wie die Pilzsporen, die nur wenige tausendstel Millimeter groß sind. Vor allem Pilzsporen sind arttypische Gebilde, die oft zur

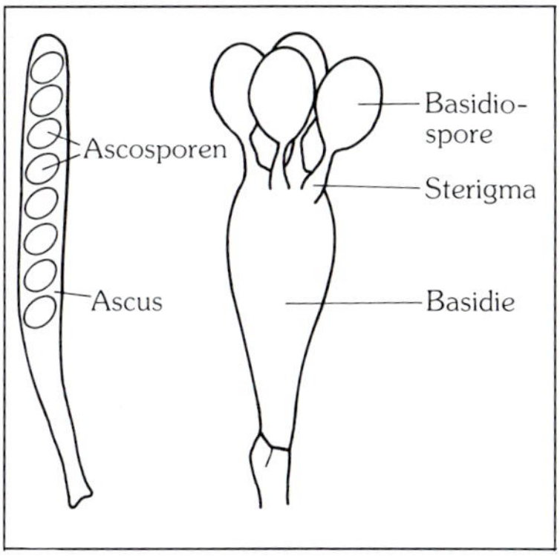

8-sporiger Ascus (links) und 4-sporige Basidie (rechts).

Identifizierung eines Pilzes ausreichen. Von Bedeutung sind dabei vor allem die Größe der Sporen, die bei einer Art nur sehr geringen Schwankungen unterworfen ist, ihre Farbe (weiß, gelb, rötlich, braun, schwarz usw. in unendlich vielen Abstufungen und Mischungen), Form, Oberflächenbeschaffenheit und vieles andere mehr.

Da wohl den wenigsten Pilzsammlern ein teures Mikroskop zur Verfügung steht, wird auf die Sporendetails in diesem Buch nicht weiter eingegangen; lediglich die Sporenfarbe wird meist erwähnt, da sie sich ohne apparativen Aufwand leicht feststellen läßt (s. S. 12). Die typische Sporenfarbe ist nur an reifen Sporen eindeutig zu erkennen. Sie werden dann meist aktiv vom Pilzfruchtkörper abgeschleudert und anschließend durch den Wind in die nähere und weitere Umgebung verbreitet oder sie sinken einfach zu Boden. Aus den Sporen können sich unter geeigneten Bedingungen (ausreichende Feuchtigkeit, Wärme usw.) neue Mycelien entwickeln.

Systematik

Weltweit kennt man bisher etwa 100 000 Pilzarten, die – ebenso wie die Tiere und die Pflanzen – nach dem Grade ihrer Verwandtschaft einer bestimmten größeren oder kleineren Verwandtschaftsgruppe zugeordnet werden: Die kleinste Einheit in diesem System ist die Art; mehrere Arten bilden eine Gattung, mehrere Gattungen eine Familie, von denen wiederum mehrere zu einer Ordnung und mehrere Ordnungen zu einer Klasse zusammengefaßt werden, usw.

Die überwiegende Zahl der Pilze läßt sich einer von 3 großen Kategorien (Klassen) zuordnen. In diesem Buch werden nur wenige Vertreter der Schlauchpilze (spezifisches Erkennungsmerkmal ist der Ascus, s. S. 6) auf den S. 16 bis 19 vorgestellt; die übrigen 96 abgebildeten und beschriebenen Arten gehören der Klasse der Ständerpilze oder Basidiomyceten (spezifisches Erkennungsmerkmal ist die Basidie, s. S. 6) an, die daher für den Pilzsammler in erster Linie von Interesse ist. Die Basidiomyceten können wie folgt unterteilt werden:

Nichtblätterpilze (Aphyllophorales): Beispiele auf S. 20–29.

Röhrlinge und Blätterpilze (Boletales, Agaricales, Russulales): Beispiele auf S. 30–119.

Bauchpilze (Gasteromycetales): Beispiele auf S. 120–125.

Wichtige Bestimmungsmerkmale der Röhrlinge und Blätterpilze

Die überwiegende Zahl der Fruchtkörper von Röhrlingen und Lamellenpilzen ist in Hut und Stiel gegliedert, der meist in der Hutmitte ansitzt (zentral gestielt); im Gegensatz dazu stehen exzentrisch oder seitlich gestielte Fruchtkörper. Das Hymenophor (Röhren oder Lamellen) befindet sich auf der Hutunterseite.

Viele Pilze sind während ihrer Jugendphase vollständig von einer Hülle wie von einer Eierschale umschlossen. Eine den jungen Pilz vollständig umhüllende derartige Haut bezeichnet man als Gesamthülle oder Velum universale (s. Abb. S. 9). Zusätzlich zur Gesamthülle kann noch ein sog. Velum partiale ausgebildet sein; diese Haut ist zwischen Stiel und Hutrand ausgespannt und bedeckt das Hymenophor während der Entwicklung (s. Abb. S. 9).

Bei anderen Pilzarten fehlt die Gesamthülle und es ist lediglich ein die Röhren- bzw. Lamellenschicht bedeckendes schleier- oder hautartiges Gebilde (Velum partiale) zwischen Hutrand und Stiel vorhanden (s. Abb. S. 8), das übrigens auf ganz unterschiedliche Weise entsteht.

Wenn bei feucht-warmer Witterung »die Pilze aus dem Boden schießen«, beruht dies vorwiegend auf schnell erfolgenden Streckungsvorgängen, die zu einer Verlängerung des Stieles sowie einer arttypischen Ausbreitung des Pilzhutes (Aufschirmen) führen. Dabei zerreißen die diversen Hüllen und hinterlassen meist am erwachsenen Pilz noch erkennbare, charakteristische Reste, die für die Bestimmung ganz entscheidende Kriterien darstellen. Zu erwähnen sind hier besonders die Scheide (Volva) an der Stielbasis aller Knollenblätterpilze, die warzenförmigen Hüllreste auf dem Hut von Fliegen-, Panther- und Perlpilzen, sowie weiteren Arten die-

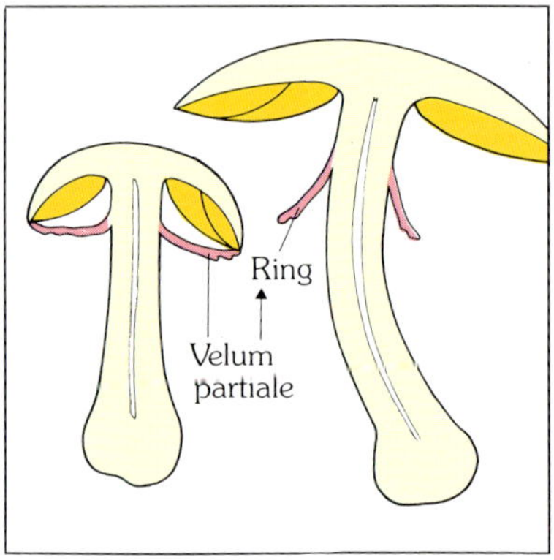

Teilhülle (Velum partiale) an jungem (links) und erwachsenem (rechts) Fruchtkörper (am Beispiel des Dünnfleischigen Anis-Egerlings). Rot = Velum partiale; gelb = Lamellen.

ser Gattung (vgl. S. 76–85 und Abb. S. 9). Beides sind Reste der Gesamthülle (Velum universale).

Der oft auffallende Ring von häutiger, wollig-faseriger oder auch schleimiger Beschaffenheit bzw. die Manschette am Stiel mancher Pilzarten entstehen dagegen beim Aufschirmen des Pilzhutes, wenn mehr oder weniger umfangreiche Reste der Teil- und/oder Gesamthülle sich vom Hutrand lösen, aber am oberen Stielabschnitt haften bleiben (vgl. Abb. S. 8 und 9). Je nach Entstehung ist der Ring entweder hängend (nach oben abziehbar) oder aufsteigend (stiefelig, nach unten abziehbar) und in Abhängigkeit von seiner Konsistenz mehr oder weniger schnell vergänglich. Aufgrund seiner unterschiedlichen Beschaffenheit hinterläßt das Velum manchmal auch nur einige Hautfetzen oder Fäden am Hutrand, eine mehr oder weniger deutliche, faserige Ringzone am Stiel und dergleichen mehr.

Die Hutform (kugelig, halbkugelig,

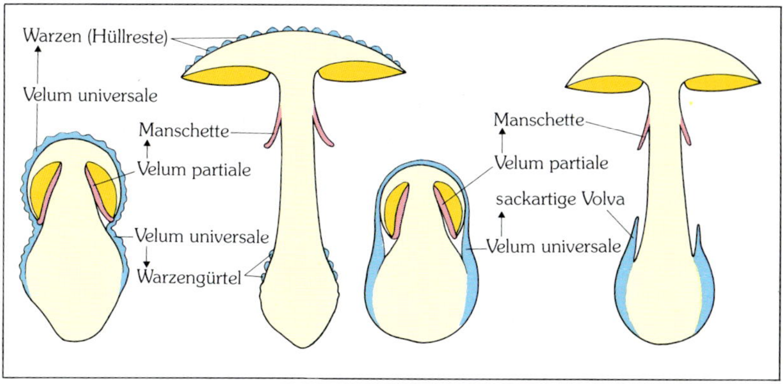

Gesamthülle (Velum universale) von flockig-wolliger (linke Grafik) bzw. häutiger (rechte Grafik) Beschaffenheit und Teilhülle (Velum partiale) an jeweils jungem und erwachsenem Fruchtkörper (am Beispiel des Fliegenpilzes, linke Grafik, und des Grünen Knollenblätterpilzes, rechte Grafik). Blau = Velum universale; rot = Velum partiale; gelb = Lamellen.

glockig, kegelig, gewölbt, ausgebreitet, trichterförmig usw.) ist ein weiteres wichtiges Erkennungsmerkmal, ebenso wie die Form des Stieles (z.B. bauchig, keulig, zylindrisch usw.), seine Oberflächenbeschaffenheit (glatt, schuppig, bereift usw.), das Fehlen oder Vorhandensein einer Stielknolle, einer Scheide (Volva), eines Ringes (Manschette) oder einer Ringzone.

Gestalt und Größe erwachsener Fruchtkörper können bei manchen Arten stärker variieren als bei anderen; daher ist es nicht immer möglich, einen einzelnen Fruchtkörper sicher zu bestimmen. In den Begleittexten zu den Abbildungen werden für Hut und Stiel einige Größenangaben gemacht, die die Variationsbreite einer Art erfassen. Unter extremen Bedingungen können jedoch auch Abweichungen nach oben oder unten auftreten; oft handelt es sich dann aber auch um eine andere Art, die giftig sein kann. Man sollte daher solche von der Norm abweichenden Fruchtkörper keinesfalls zu Speisezwecken verwenden.

Neben der Beschaffenheit der Lamellen (dick, dünn, bauchig, schmal, breit, brüchig, biegsam usw.) spielt die Übergangszone zum Stiel eine besonders wichtige Rolle als Bestimmungsmerkmal. Beispiele für den Lamellenansatz zeigt die Abb. S. 10.

Weiterhin müssen Hutfarbe, Beschaffenheit der Huthaut, oft auch Geruch und Geschmack, Konsistenz und Farbe des Fleisches, Verfärbungen und nicht zuletzt die Farbe des Sporenpulvers beachtet bzw. untersucht werden.

Die Sporenfarbe ist für die Bestimmung der Lamellenpilze von größter Wichtigkeit (vgl. S. 7 und 12). Bedingt durch den Reifungsprozeß der Sporen ändert sich oft auch die Farbe der Lamellen recht auffallend, z.B. bei Champignon-Arten von rosa nach schokoladenbraun, was wiederum bedeutet, daß zu junge bzw. zu alte Exemplare allein oft nicht eindeutig bestimmbar sind.

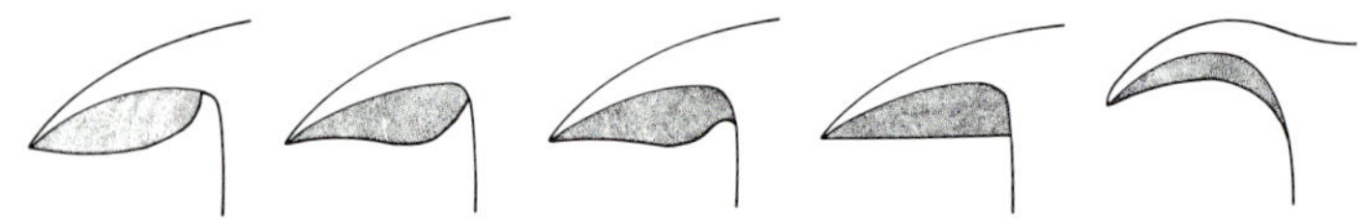

Haupttypen des Lamellenansatzes bei Blätterpilzen (Agaricales).

Hinweise zum Sammeln und Bestimmen von Pilzen

Pilzfruchtkörper findet man fast das ganze Jahr hindurch. Viele Arten treten bevorzugt während einer bestimmten Jahreszeit auf, in der für sie optimale Bedingungen herrschen. Kühle Witterung und leichte Nachtfröste sind ideale Bedingungen für Winter-Rübling (s. S.70 unten) und Austern-Seitling (s. S.28 unten), die man daher bevorzugt im Spätherbst und in milden Wintermonaten finden kann. Viele der köstlichen Morcheln (s. S.16) erscheinen im April/Mai; fast nur im Mai findet man die weißen Fruchtkörper des Mai-Ritterlings (s. S.62 unten). Viele Täublinge, Champignons und Knollenblätterpilze bevorzugen die warmen Sommermonate, während die Hauptmenge der Pilze im Herbst unsere Wälder schmückt.
Voraussetzung für das Erscheinen der Fruchtkörper ist in jedem Fall eine genügend hohe Boden- und Luftfeuchtigkeit, neben einer für jeden Pilz erforderlichen Mindesttemperatur. Wenn während des ganzen Sommers kaum Niederschläge gefallen sind und im Oktober noch ideales Urlaubswetter herrscht, endet eine Pilzjagd meist erfolglos. Auch einige kurze Schauer können an dieser Misere dann kaum noch etwas ändern. Ideal sind dagegen länger andauernde schwül-warme Witterungsperioden mit häufigen, warmen Gewitterregen; dann entfaltet unsere heimische Pilzflora ihre ganze Formen- und Farbenpracht.
Besonders für den angehenden Pilzsammler soll noch einmal nachdrücklich darauf hingewiesen werden, daß es keine allgemeingültige Regel gibt, die eine Unterscheidung von Gift- und Speisepilzen erlaubt. Blaufärbung des Fleisches bei Verletzung und die Schwarzfärbung eines mitgekochten Silberlöffels wurden früher häufig als Erkennungszeichen für einen Giftpilz angegeben. Beides ist purer Unsinn, ebenso wie die Annahme, einen Speisepilz an Tierfraßstellen erkennen zu können.
Am einfachsten lernt man Pilze kennen, wenn man sich einem fach- und sachkundigen Führer (z.B. einem Pilzberater) anschließen kann, der alle erforderlichen Erklärungen am Fundort vermittelt. Unbekannten »Pilzkennern« gegenüber sollte man jedoch mißtrauisch sein.
Sicherer ist es, sich die entsprechenden Kenntnisse aus Büchern anzueignen, zumal dann, wenn überhaupt keine Artenkenntnis vorhanden ist. In diesem Fall genügt es keinesfalls, die aufgefundenen Pilze nur mit Abbildungen zu vergleichen, man muß sich schon die Mühe machen, auch den Begleittext, dort gegebene Verweise und vor allem die

Einführung genauestens durchzulesen.

Entspricht der zu bestimmende Pilz nicht in allen Merkmalen den Literaturangaben, liegt die Vermutung nahe, daß es sich um eine andere Art handelt. Man sollte sich dann auf jeden Fall an eine Pilzberatungsstelle wenden und sich dort auch von der Richtigkeit seiner ersten Bestimmungsversuche überzeugen.

- Nur dann, wenn man in der Lage ist, die selbst gesammelten Pilze eindeutig zu erkennen oder zu bestimmen, sollte man sich daran wagen, sie zuzubereiten und zu essen, sofern es sich um anerkannte Speisepilze handelt.

Bei einer Reihe von Speisepilzen ist die vorgeschriebene Zubereitungsart genauestens zu beachten, insbesondere bei den Arten, die roh giftig sind. Vom Rohgenuß von Pilzen ist sowieso unbedingt abzuraten.

Wenn man anläßlich einer Bestimmung eine Geschmacksprobe durchführen will, muß man ein Stückchen des rohen Pilzes kauen, es dann aber wieder ausspucken, da es sich möglicherweise um einen Giftpilz handelt. Geschmacksproben bei den tödlich giftigen Arten, vor allem den Knollenblätterpilzen, sollte man unterlassen, da sie auch ohne diese gut erkannt werden können.

Pilze sollte man zur Schonung des im Substrat befindlichen Mycels vorsichtig herausdrehen, sofern man sie bereits eindeutig kennt, eventuell auch abschneiden, niemals aber herausreißen, ausgraben und nach jungen Fruchtkörpern suchen, indem man den Boden durchwühlt bzw. vorhandene Moos- oder sonstigen Pflanzenschichten entfernt. Allerdings muß man beim Aufsammeln darauf achten, daß wichtige Erkennungsmerkmale, wie etwa die Scheide (Volva) der Knollenblätterpilze, nicht unerkannt im Boden zurückbleiben, was z.B. beim Abschneiden zwangsläufig geschieht.

Pilze sind außerordentlich leicht verderblich. Man sollte nur frische, möglichst junge Fruchtkörper sammeln. Zugegebenermaßen ist es ohne Erfahrung nicht immer leicht, den Entwicklungszustand eines Pilzes zu beurteilen. Besonders im Spätherbst nach den ersten Frösten oder während sehr lange anhaltender und sehr kühler Witterungsperioden sehen Pilze oft noch ganz frisch aus, sind aber bereits verdorben. Sicherheitshalber sollte man während solcher Witterung auf das Sammeln von Pilzen grundsätzlich verzichten.

Beim Sammeln ist unbedingt darauf zu achten, in welcher Umgebung man einen Pilz gefunden hat. Soll dieser erst zu Hause bestimmt werden, notiert man am besten die Fundorts-Charakteristika (z.B. auf Erdboden, unter welcher Baumart, auf Streu, Humus, Sand, zwischen Moosen, an lebendem oder totem Holz, an Nadel- oder Laubholz usw.) und wie die Pilze wachsen, d.h. ob einzeln, gesellig, büschelig, rasig, in Hexenringen (s. Foto S.12) usw.

Viele Arten haben einen typischen, aber oft unbeständigen Geruch, der häufig erst beim Anschneiden oder Zerreiben des Fruchtkörpers deutlich wird. Er sollte deshalb – ebenso wie das Vorhandensein flüchtiger Velumreste – bereits an der Fundstelle notiert werden.

Bis zur Bestimmung sollten Pilze einer Fundstelle unbedingt beieinander bleiben und nicht wahllos in einen Korb gelegt werden. Bedingt durch die Stielstreckung und das Aufschirmen des Hutes verändern Pilzfruchtkörper während der Entwicklung ihr Aussehen oft drastisch. Zur Identifizierung sind daher oft junge und erwachsene Fruchtkörper erforderlich. Hält man die einzelnen Funde nicht streng getrennt, kann auch leicht ein ähnlicher Giftpilz unerkannt zwischen Speisepilze gelangen.

Die gesammelten Pilze sollten in einem trockenen, luftigen Behälter (offener Korb) transportiert werden, nicht etwa in Plastiktüten, wo sie in der feucht-warmen Luft besonders schnell durch Bakterien zersetzt werden und dann schwere Vergiftungen hervorrufen können. Gleiches gilt für eine kurzfristige Lagerung bis zur Zubereitung, für die ein möglichst kühler Ort zu wählen ist. – Die gesammelten Speisepilze sollten allerdings möglichst umgehend zubereitet und gegessen werden.

Zum Verzehr bestimmte und bereits sicher identifizierte Pilze befreit man schon im Wald von Schmutz, schleimigen Überzügen und Madenfraßstellen.

Will man noch die Farbe des Sporenpulvers überprüfen, die häufig nicht mit der Farbe der Lamellen übereinstimmt, fertigt man ein sog. Sporenabwurf-Präparat an. Dazu schneidet man zu Hause den Hut des Pilzes ab und legt ihn für mehrere Stunden (am besten über Nacht) mit den Lamellen bzw. Röhren nach unten auf ein Stück rein weißes Papier. Das Sporenabwurf-Präparat gelingt nur, wenn eine hohe Luftfeuchtigkeit herrscht. Diese erreicht man entweder durch Abdecken des Hutes mit einem Glasdeckel oder durch Verwendung einer passenden, geschlossenen Schale. Die reifen Sporen fallen dann ab und hinterlassen nach ca. 12 Stunden auf dem Papier einen Negativ-Abdruck der Lamellen oder Röhren, an dem man die Sporenfarbe – eventuell durch Vergleich mit einer Farbskala – ablesen kann. Die für diese Zwecke verwendeten Hüte sollten keinesfalls noch gegessen werden!

Auch ein Pilzkenner sollte darauf achten, jeden Speisepilz stets erst an einer kleinen Menge auf seine Bekömmlichkeit zu testen, bevor er größere Portionen verzehrt (vgl. S. 14).

Hexenringe des Nelken-Schwindlings (vgl. S. 70 oben) auf einer Rasenfläche. Durch ungestörtes konzentrisches Wachstum entwickeln sich ringförmige Mycelien; wenn diese an ihrer Peripherie zur gleichen Zeit eine Vielzahl von Fruchtkörpern ausbilden, erscheinen – oft über Nacht – die Hexenringe.

Gefahren beim Verzehr von (Gift-)Pilzen

- Der angehende Pilzsammler sollte wissen, daß unsere Kenntnisse über die Giftigkeit oder Genießbarkeit von Pilzen zum allergrößten Teil auf Erfahrungen beruhen, und daß diese Kenntnisse wohl niemals vollständig sein werden. Auch wenn die in diesem Buch enthaltenen diesbezüglichen Angaben dem neuesten Kenntnisstand entsprechen und wenn versucht wurde, auf häufigere Gefahrenquellen hinzuweisen, muß letztlich jeder Pilzsammler eigenverantwortlich darüber entscheiden, welche und wieviele Pilze er verzehrt.

Vergiftungserscheinungen nach einer Pilzmahlzeit können die verschiedensten Ursachen haben:

Man hat Pilze gegessen, die bekanntermaßen giftig sind. Giftpilze verursachen – wenn eine ausreichende Menge verzehrt wird – bei jedem Menschen typische Vergiftungserscheinungen, die durch bestimmte toxische Pilzinhaltsstoffe hervorgerufen werden. Pilzgifte sind chemisch sehr unterschiedlich aufgebaute Stoffwechselprodukte von Pilzen, die bei Menschen daher auch die unterschiedlichsten Krankheitssymptome auslösen können.

Die meisten Pilzgifte wirken sehr schnell (etwa ¼ bis 2, manchmal auch erst 4 bis 24 Stunden nach der Pilzmahlzeit), und machen sich meist durch Übelkeit, Benommenheit, Brechreiz, Durchfälle, Schweißausbrüche, Hitzegefühl usw. bemerkbar. Weitaus gefährlicher sind die in erster Linie auf Knollenblätterpilze (s. S. 82 und 84 oben) zurückzuführenden Vergiftungserscheinungen, die sich meist erst nach 8–12 Stunden zeigen. Hier besteht akute Lebensgefahr! Pilzgifte sind oft mehr als heimtückisch. Ihre Wirkung kann sich oft erst nach Wochen zeigen, wie etwa beim Orangefarbenen Rauhkopf (s. S. 106 oben).

Bei den verzehrten Pilzen handelte es sich um bereits verdorbene Speisepilze. Alle frisch gesammelten Pilze sind leicht verderblich. Sie werden sehr schnell von Bakterien und Schimmelpilzen befallen und dadurch meist ebenfalls gefährlich giftig. Ein verdorbener Steinpilz steht unter Umständen einem Grünen Knollenblätterpilz hinsichtlich der Giftigkeit in nichts nach.

In diesen Fällen handelt es sich bei den Giftstoffen entweder um toxische Stoffwechselprodukte der oben erwähnten Bakterien bzw. Schimmelpilze oder um Gifte, die bei der Zersetzung von Pilzeiweißen entstehen.

Auch bereits zubereitete Pilzgerichte verderben sehr schnell. Sie sollten nicht oder nur kurzfristig, dann aber unbedingt im Kühlschrank oder tiefgefroren aufbewahrt werden.

Nach falscher Zubereitung können Pilzvergiftungen auftreten. Manche Arten sind roh giftig, können aber nach ausreichendem Erhitzen bzw. Abbrühen und Weggießen des Kochwassers ohne Schaden verzehrt werden. Bei der Zubereitung roh giftiger Arten muß also unbedingt auf ausreichend langes (Genaueres entnehme man der Literatur) Erhitzen geachtet werden, wodurch in diesen Fällen die Giftstoffe mehr oder weniger zerstört oder herausgelöst werden. Das wegzugießende Kochwasser sollte keinesfalls zu knapp bemessen sein, damit sich die Pilzgifte möglichst vollständig darin lösen können.

Grundsätzlich muß vom Rohgenuß aller Pilze strikt abgeraten werden; lediglich frische, junge und einwandfreie Kultur-Champignons können in kleinen Mengen zur Bereitung von Salaten verwendet werden.

Verschiedene Pilze wirken nur zusammen mit Alkohol giftig. Der Graue Falten-Tintling (s. S. 94 oben) ist in diesem Zusammenhang der bekannteste und am besten untersuchte Pilz. Grundsätzlich sollte man jedoch nach dem Genuß von Pilzen auf alkoholische Getränke verzichten. Alkohol ist ein gutes Lösungsmittel und kann unter Umständen die Aufnahme bestimmter Pilzinhaltsstoffe in die Blutbahn bewirken, die sonst unbeschadet den Körper über den Magen-Darm-Trakt wieder verlassen hätten.

Allergische Reaktionen. Nach wiederholtem Verzehr einer bestimmten Pilzart können sich allergische Reaktionen einstellen, die durch bestimmte Pilzeiweiße hervorgerufen werden. Man sollte sich daher nicht auf eine einzige Pilzart spezialisieren (Ausnahmen hiervon sind Steinpilz und Zucht-Champignon). Eine durch Inhaltsstoffe des Kahlen Kremplings (s. S. 52 oben) hervorgerufene Allergie kann auch tödlich verlaufen. Über den Butterpilz (s. S. 42 oben) wird inzwischen ähnliches berichtet. Grundsätzlich stehen natürlich alle Pilze in dem Verdacht, Allergien hervorrufen zu können.

Manche Personen besitzen auch eine individuelle und angeborene Überempfindlichkeit gegen einen bestimmten Pilz (Idiosyncrasie); eine solche Veranlagung äußert sich bereits beim erstmaligen Verzehr dieser Art.

Bei einem insgesamt wohl kleinen Personenkreis rufen selbst die besten Speisepilze Vergiftungserscheinungen hervor, deren Ursache häufig unerklärlich ist. In einigen dieser Fälle konnte eine angeborene Intoleranz (Unverträglichkeit) gegenüber einem bestimmten Pilzinhaltsstoff nachgewiesen werden.

Da Pilze schwer verdaulich sind, kann es bei Personen mit empfindlichem Magen auch bereits nach einer bescheidenen Mahlzeit guter Speisepilze zu Verdauungsstörungen kommen. Auch gesunde Kinder reagieren oft empfindlich auf diese ungewohnte Kost; sie sollten daher nur in sehr bescheidenem Umfang an Pilzmahlzeiten beteiligt werden.

Unwohlsein nach einer Pilzmahlzeit kann nicht selten auch psychisch bedingt sein, wobei ähnliche Symptome wie nach dem Verzehr von Giftpilzen auftreten können. – Denkbar sind noch andere Möglichkeiten, gegen die man aber kaum Vorsorge treffen kann, es sei denn, man verzichtet völlig auf den Genuß von Pilzen.

Belastung durch Schwermetalle und radioaktive Isotope. Auf die gesundheitliche Gefährdung durch erhöhte Schwermetall-Konzentrationen in Pilzen wurde die Bevölkerung in den letzten Jahren immer wieder hingewiesen. Untersuchungen haben ergeben, daß für den menschlichen Organismus giftige Schwermetalle wie z. B. Blei, Cadmium, Quecksilber in den Fruchtkörpern einiger Pilzarten oft in erheblich höherer Konzentration enthalten sind, als in deren Umgebung. Insbesondere die gilbenden Champignon-Arten speichern Cadmium und Quecksilber in beängstigendem Maße.

Durch den Reaktorunfall von Tschernobyl (1986) sind die Pilze erneut in

die Schlagzeilen geraten, da bei einigen der besten Speisepilze, wie etwa dem Maronen-Röhrling, gebietsweise überdurchschnittlich hohe Konzentrationen an Caesium^{137} gemessen wurden.
Obwohl akute Vergiftungsfälle durch erhöhten Schwermetallgehalt in Pilzen bisher nicht bekannt geworden sind, sollten die bestehenden Warnungen vor dem Verzehr größerer Pilzmengen auch in Zukunft beachtet werden, da sich möglicherweise gesundheitliche Schäden erst nach mehreren Jahren oder Jahrzehnten zeigen werden. Ferner sollten zu Speisezwecken Pilzfruchtkörper weder an Straßenrändern, noch im Stadtbereich oder in der Nähe von Industrieanlagen, Bergwerken und ähnlichen, durch Schwermetalle stärker belasteten Orten gesammelt werden.

Verhalten bei Pilzvergiftungen

Pilzvergiftungen sollten ohne Rücksicht auf ihre Ursache unbedingt ernst genommen werden. Besonders bei schnell wirkenden Pilzgiften (erste Vergiftungs-Symptome treten ¼ bis 2 Stunden nach der Pilzmahlzeit auf) ist eine umgehende Entfernung der noch im Magen bzw. Darm befindlichen Pilzreste von größter Bedeutung. Falls ärztliche Hilfe, die bei einer Pilzvergiftung in jedem Falle angezeigt ist, nicht schnell genug erreichbar ist, kann als Sofortmaßnahme die Verabreichung einer Kochsalz-Lösung (3 gehäufte Kaffeelöffel Kochsalz auf ein Glas warmes Wasser) oder die Reizung der Rachenwand empfohlen werden, wodurch mit Sicherheit Brechreiz und Erbrechen provoziert werden können.
Zeigen sich die Vergiftungserscheinungen erst 6 und mehr Stunden nach einer Pilzmahlzeit, liegt der Verdacht auf eine Knollenblätterpilzvergiftung nahe. In diesem Fall sollte der Patient sofort in eine Spezialklinik eingewiesen werden, die für die Behandlung derartiger Vergiftungsfälle eingerichtet ist.
Der behandelnde Arzt kann nach einer Pilzvergiftung nur dann sofort die richtigen Maßnahmen ergreifen, wenn er die Ursache der Vergiftung bzw. die Giftpilz-Art möglichst genau kennt. Aus diesem Grunde sollte unbedingt daran gedacht werden, eventuell noch vorhandene Essensreste, Putzreste (Mülltonne, Abfalleimer!) der verzehrten Pilze oder womöglich noch vorhandene vollständige Pilzfruchtkörper sicherzustellen und dem Arzt vorzulegen. Notfalls ist eine Analyse des Magen- bzw. Darminhaltes die letzte Möglichkeit, um Hinweise auf die verzehrte(n) Giftpilz-Art(en) zu erhalten. Erbrochenes und Stuhl sollten daher gleichfalls sichergestellt werden. Letzteres ist besonders deshalb wichtig, da möglicherweise außer Giftpilzen mit schnell wirkenden Toxinen zusätzlich noch lebensgefährliche Knollenblätterpilze in der Mahlzeit enthalten gewesen sein könnten.

Speise-Morchel

Morchella esculenta

Eßbar

Geschützte Art!
(Ausnahme s. S.6)

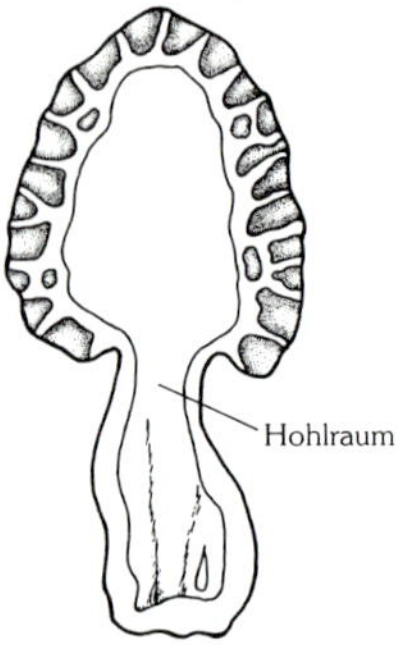

Längsschnitt

Gift-Lorchel

Kennzeichen: Hut 5–12 cm hoch, 4–8 cm breit; rundlich bis eiförmig; jung schön gelbbraun, manchmal auch mit grauen Tönen; die Oberfläche ist in eine Anzahl unregelmäßig angeordneter Gruben oder Waben unterteilt, die durch erhöhte Rippen voneinander getrennt werden; der Hut ist mit dem Stiel verwachsen (s. Grafik). Stiel 4–10 cm lang, unten etwas angeschwollen; weißlich bis cremefarben, hohl, außen feinkörnig. Fleisch weißlich, weich, wachsartig, sehr zerbrechlich. Geruch und Geschmack angenehm. **Vorkommen:** April bis Mai/Juni, in Auwäldern, Gärten und Gebüschen; nicht häufig. **Wert:** Einer der besten Speisepilze. **Verwechslungen:** Man unterscheidet mehrere Varietäten bzw. Arten, die jedoch ebenfalls alle eßbar sind. Andere Morchel-Arten besitzen einen Kopfteil, bei dem die wabenartigen Vertiefungen durch deutliche Längs- und Querrippen abgegrenzt werden, so daß sie mehr oder weniger senkrecht untereinander liegen, wie etwa bei der Hohen Morchel *(Morchella elata)*, die gleichfalls ein ausgezeichneter Speisepilz ist. Ebenfalls im Frühjahr findet man – meist in sandigen Kiefernwäldern – die Frühjahrs- oder Gift-Lorchel *(Gyromitra esculenta)*. Sie hat einen rotbraunen, hirnartig gewundenen Hut (s. Grafik). Dieser Pilz ist stark giftig und verursacht in manchen Jahren Massenvergiftungen, die oft tödlich verlaufen.

Käppchen-Morchel

Mitrophora semilibera

Eßbar

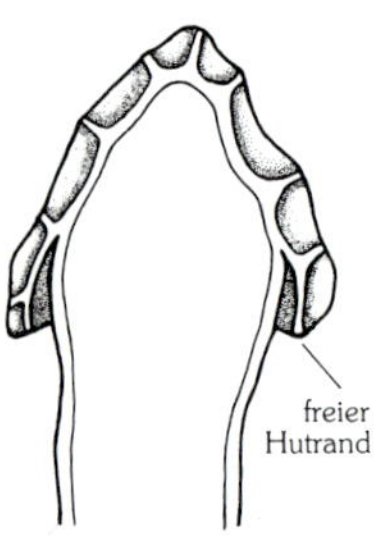

Längsschnitt

Kennzeichen: Hut 2–4 cm hoch, relativ klein; spitzglockig, mit wabenartigen Vertiefungen, die in Reihen angeordnet sind; der Hut ist im unteren Teil (½ bis ⅓) frei, d.h. nicht mit dem Stiel verwachsen (s. Grafik); gelb-, oliv- bis dunkelbraun, mit zuletzt fast schwarzen Längsrippen. Stiel weißlich bis ockerlich, 2–12 cm lang, 2 und mehr cm dick; hohl, zylindrisch oder im unteren Stielteil bis auf das Doppelte dickbäuchig angeschwollen; Außenseite nicht gefurcht, aber mehlig bis körnig rauh. Fleisch weiß, weich und zart, dünn und sehr brüchig. Geruch und Geschmack unauffällig. **Vorkommen:** April/Mai, im Uferbereich von Flüssen und Seen, in Auwäldern, feuchten Wiesen, Parks. **Wert:** Wohlschmeckender Speisepilz. **Verwechslungen:** Unterscheidet sich von den Morcheln durch den freien Hutrand (Glocken-Morchel, Halbfreie Morchel). Ähnliche Arten aus der Gattung Verpel *(Verpa)* besitzen einen völlig freien, nur an der Stielspitze angewachsenen Hut; sie sind sehr selten, aber gleichfalls eßbar.

Herbst-Lorchel, Krause Lorchel

Helvella crispa

Eßbar

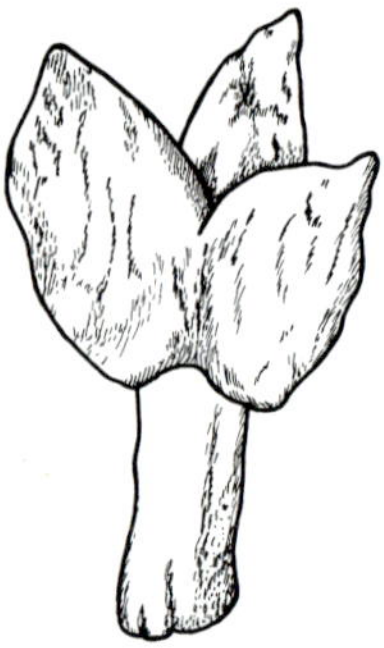

Bischofsmütze

Kennzeichen: Die Fruchtkörper sind meist recht bizarr gestaltet und sehr variabel in der Form; etwa 15 (–25) cm hoch. Hut weißlich bis cremefarben, später ockerbräunlich, 2–5 cm hoch und breit, aus dünnen, unregelmäßig faltigen, gewellten Lappen bestehend; meist sattelförmig, manchmal mit den Rändern am Stiel angewachsen; Fruchtschicht (Hymenium) befindet sich auf der glatten Außenseite. Stiel weißlich, 4–10 cm lang und bis 4 cm dick; oft in der unteren Stielhälfte angeschwollen; an der Außenseite des Stiels begrenzen hohe, kräftige Längs- und Querrippen viele unregelmäßig verlaufende, langgestreckte, tiefe Gruben und Rillen. Das Stielinnere ist von mehreren zylindrischen Hohlräumen durchzogen. Fleisch brüchig; jung mit angenehmem Geruch und Geschmack. **Vorkommen:** August bis November, vorwiegend in Laubwäldern, oft neben Waldwegen; ziemlich häufig. **Wert:** Eßbar, manchmal zäh; Abbrühen wird empfohlen, da sonst unter Umständen etwas erdig-muffig schmekkend. Infolge der komplizierten Stielarchitektur sollte man vor der Zubereitung nachsehen, ob sich nicht irgendwelches Getier in den Hohlräumen versteckt hat. **Verwechslungen:** Färbung und der parallel-furchige, grubige Stiel machen die Herbst-Lorchel unverwechselbar. Eine nähere Verwandte, die Bischofsmütze *(Gyromitra infula)* besitzt einen in 2 bis 4 aufwärts gebogene, spitz auslaufende Lappen gegliederten Hut mit unebener, kastanienbrauner Oberfläche (s. Grafik); sie ist gleichfalls eßbar.

Gemeiner Orange-Becherling

Aleuria aurantia

Eßbar

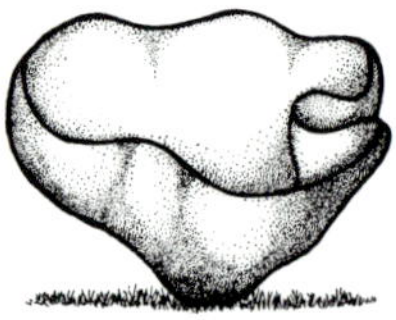

junger Fruchtkörper

Kennzeichen: Fruchtkörper mit 2–10 cm relativ groß; jung becher- bis schüsselförmig (s. Grafik), später flach ausgebreitet, ungestielt; leuchtend orange- bis scharlachrot, außen blaßrötlich, weißlich bemehlt; Rand oft wellig verbogen oder gelappt, manchmal auch eingekerbt. Fleisch dünn, wachsartig, sehr leicht zerbrechend. Ohne wahrnehmbaren Geruch und Geschmack. Fruchtschicht (Hymenium) befindet sich auf der konkaven, orangerot gefärbten Innenseite des Bechers. **Vorkommen:** Mai/Juni bis Oktober, oft auch noch später im Jahr; auf und neben Wald- und Feldwegen, Böschungen, auch in Gärten; gern auf lehmigen Böden; häufig, meist gesellig auf dem nackten Boden wachsend. **Wert:** Eßbar. **Verwechslungen:** Können einem Anfänger mit kleineren, ebenfalls leuchtend rot gefärbten Becherlingen unterlaufen. Darunter befinden sich aber keine erwiesenermaßen giftigen Arten.

Pfifferling

Cantharellus cibarius

Eßbar

Gefährdete und geschützte Art!

(Ausnahme s. S. 6)

Familienmerkmale: Der Pfifferling gehört zu den Leistenpilzen (Cantharellaceae), bei denen das Hymenium nicht auf dünnen, hohen Lamellen ausgebildet wird, sondern niedrige, dicke, stumpfrandige, leistenartige Vorsprünge der Hutunterseite überzieht; diese Leisten sind bei den einzelnen Arten zwar unterschiedlich hoch, im Vergleich zu den Lamellen jedoch stets viel niedriger und dicker; meist laufen sie lang am Stiel herab. **Kennzeichen:** Hut 3–10 (–15) cm breit; dottergelb, auch hellgelb bis weißlich; jung schwach gewölbt, dann etwas vertieft, mit unregelmäßig verbogenem Rand. Leisten dottergelb, deutlich faltig, gegabelt und untereinander durch Querrippen verbunden. Sporenstaub hell ockergelb. Stiel wie der Hut gefärbt, 3–6 (–8) cm lang, meist 1–2 cm dick; massiv, nach unten verjüngt. Fleisch weißlich, am Rand gelblich, fest. Feiner, obstartiger Geruch; Geschmack roh pfefferartig scharf. **Vorkommen:** Juni bis November, in Laub- und Nadelwäldern, verbreitet; gebietsweise noch ein Massenpilz, z.T. aber sehr selten geworden, vermutlich wegen zu starken Sammelns auch der kleinsten Fruchtkörper. **Wert:** Der Pfifferling (Eierschwamm, Eierpilz, Reherl, Rehling) ist neben dem Steinpilz der beliebteste Speisepilz, selten madig und lange haltbar. Manche Menschen besitzen eine angeborene Überempfindlichkeit (Idiosynkrasie) gegen diesen Pilz; die Betroffenen reagieren bereits auf kleinste Mengen mit sehr heftigen Magen- und Darmbeschwerden. **Verwechslungen:** Farblich sehr ähnlich sind der Falsche Pfifferling und der giftige Ölbaum-Trichterling (s. S. 54 oben).

Herbst-Trompete

Craterellus cornucopioides

Eßbar

Gefährdete Art!

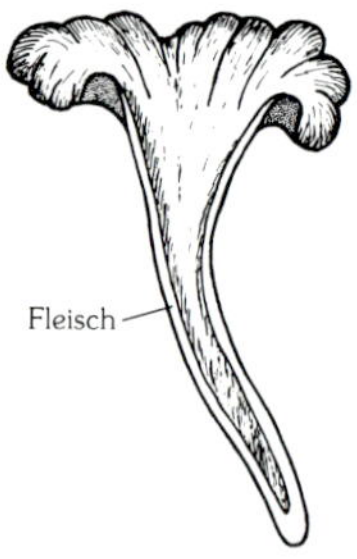

Der auch Toten-Trompete oder Füllhorn genannte Pilz gehört ebenfalls zur Familie der Leistenpilze (s. oben). **Kennzeichen:** Fruchtkörper bis 15 (–20) cm hoch, oben 3–8 cm breit; grau- bis braunschwarz, schwarz; trompetenförmig, bis zum Grunde hohl (s. Grafik); die vom Hymenium überzogene Außenseite ist aschgrau, schwach runzelig-faltig. Sporenstaub weiß. Fleisch nur 1–2 mm dick. Fast ohne Geruch; Geschmack fade. **Vorkommen:** August bis November, vorwiegend in Laubwäldern; gebietsweise häufig, gesellig. **Wert:** Eßbar, aber zäh; junge Fruchtkörper sind getrocknet als Pilzmehl zum Würzen von Suppen, Soßen und Braten ausgezeichnet verwendbar. **Verwechslungen:** Der Schwarze Pfifferling *(Cantharellus cinereus)* ist oft sehr ähnlich, besitzt jedoch meist deutlich gegabelte Leisten auf der Außenseite. Er ist nicht giftig.

Semmel-Stoppelpilz

Hydnum repandum

Eßbar

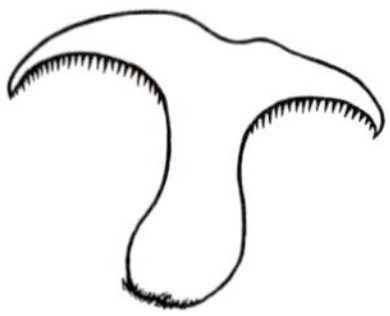

Längsschnitt

Kennzeichen: Hut 6–12 (–17) cm breit; zunächst flach gewölbt, alt in der Mitte vertieft und mit unregelmäßig verbogenem Rand; dickfleischig; semmelgelb, ockergelb, orangerötlich. Oberhaut glatt, nicht abziehbar. Hüte und/oder Stiele benachbarter Exemplare sind häufig miteinander verwachsen. Stacheln blaß bis gelblich, gedrängt stehend, ungleich lang, spitz, weich und leicht abbrechend, am Stiel herablaufend (s. Grafik). Sporenpulver weiß bis ockergelblich. Stiel 3–6 cm hoch; meist heller als der Hut, oft etwas exzentrisch; voll, kräftig, häufig verbogen. Fleisch weiß bis hellgelblich, brüchig. Angenehmer Geruch; Geschmack zunächst mild, dann pfefferartig brennend, ähnlich wie beim Pfifferling; alt bitterlich. **Vorkommen:** Juli bis November, in Laub- und Nadelwäldern; meist truppweise auftretend. **Wert:** Junge Exemplare sind wohlschmekkende Speisepilze, alte wegen ihres bitterlichen Geschmacks kaum zu verwenden. **Verwechslungen:** Der nahe verwandte Rotgelbe Stacheling *(Hydnum rufescens)* erreicht lediglich einen Hutdurchmesser von 3–6 cm, ist dünnfleischiger und rötlichgelb bis orangerötlich gefärbt. Er ist ebenfalls eßbar.

Habichtspilz

Sarcodon imbricatus

Eßbar, aber roh giftig
Gefährdete Art!

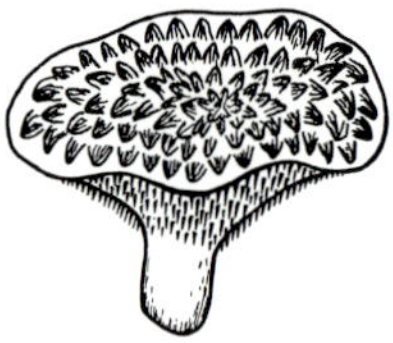

reifer Fruchtkörper

Kennzeichen: Hut bis 20 cm breit; flach gewölbt, in der Mitte meist trichterförmig vertieft bis tief trichterförmig; Rand jung eingerollt; braun, mit hell- bis dunkelbraunen, fast kreisförmig angeordneten, sparrig abstehenden Schuppen bedeckt (s. Grafik), die dem Gefieder eines Habichts (Habichts-Stacheling) nicht unähnlich sind. Stacheln bis 10 mm lang, sehr brüchig, am Stiel herablaufend; jung weißlich, dann grau, zuletzt purpurbraun; dicht gedrängt stehend und an ein Rehfell (daher auch Rehpilz genannt) erinnernd. Sporenstaub bräunlich. Stiel 5–8 cm hoch und 2–5 cm dick; zylindrisch, voll; erst weißlich, dann von unten her bräunlich werdend. Fleisch fest, jung weiß, später graubräunlich. Angenehmer, würziger Geruch und jung milder Geschmack; alt zäh und bitter. **Vorkommen:** August bis November, in Nadelwäldern; verbreitet. **Wert:** Roh giftig; eßbar sind nur junge Exemplare, die allerdings abgebrüht werden sollten. Sie haben einen sehr intensiven Geschmack und eignen sich daher besonders zum Würzen von Soßen und Suppen. **Verwechslungen:** Gallen-Stachelinge *(Sarcodon scabrosus* und *S. fennicus)* sind kleinere, sehr bitter schmekkende Doppelgänger, die außer am Geschmack auch an der blauschwarzen Stielbasis kenntlich sind.

Krause Glucke

Sparassis crispa

Eßbar

Die Glucken sind recht nahe verwandt mit den Korallenpilzen (s. unten); ihre Fruchtkörper besitzen an der Basis einen kräftigen Strunk, der sich nach oben hin immer stärker verzweigt. Bei den Glucken sind die Äste bandartig verbreitert, stark gewunden und verbogen, mit blattartig abgeflachten Zweigenden. Die meist zylindrischen Äste der Korallen besitzen dagegen spitze Enden. **Kennzeichen:** Fruchtkörper ca. 20 cm hoch und 30–40 cm breit; kann ein Gewicht von 2–5 (–10) kg erreichen; jung gelblichweiß, später ockerbräunlich. Stiel dick, fleischig, entspringt oft tief im Boden aus der Wurzel einer Kiefer; die blattartig abgeflachten Zweigenden sind stark gekräuselt, so daß der Fruchtkörper an einen Blumenkohl, Badeschwamm oder ein aufgeplustertes Huhn, eine Glucke, erinnert. Fleisch weiß, elastisch, alt zäh. Aromatischer Geruch und nußartiger Geschmack; alt bitter. **Vorkommen:** Juli bis November, vorwiegend bei Kiefern. Der Pilz befällt die Wurzeln lebender Bäume und verursacht eine Braunfäule. **Wert:** Ein ausgezeichneter und ergiebiger Speisepilz; muß ausreichend lange geschmort oder gebraten werden. Ältere Fruchtkörper sind meist bitter und verursachen Verdauungsstörungen. **Verwechslungen:** Die gleichfalls eßbare Breitblättrige oder Eichen-Glucke *(Sparassis laminosa)* besitzt gerade, ganzrandige Zweigenden.

Rötliche Koralle

Ramaria botrytis

Eßbar
Stark gefährdete Art!

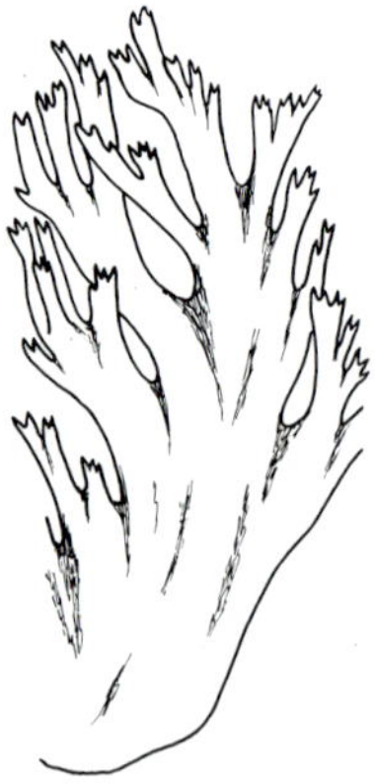

Teil eines Fruchtkörpers

Kennzeichen: Fruchtkörper 6–15 (–20) cm hoch und etwa ebenso breit; der weißliche Strunk ist kurz, bis 5 cm dick, fast knollig und spaltet sich in mehrere kräftige, z. T. verbogene Äste; nach oben erfolgt eine immer feinere, korallenartige Aufspaltung in sehr viele kleine, schmutzig gelblich gefärbte Zweige; die Zweigspitzen sind jung purpurrötlich bis fleischrosa, verblassen aber später; sie besitzen kurz abgestutzte, gezähnelte Enden (s. Grafik). Sporenstaub hellocker. Fleisch weißlich bis gelblich, rötlich in den Spitzen, zart und brüchig. Geschmack mild, im Alter bitter, oft besonders in den Zweigspitzen. **Vorkommen:** Juli bis Oktober, besonders in Buchenwäldern auf Kalkboden. **Wert:** Unter den Korallenpilzen der wohlschmeckendste Speisepilz, der auch als Hahnenkamm, Trauben-Koralle oder Bärentatze bekannt ist, wegen seiner Seltenheit aber nicht mehr gesammelt werden sollte. **Verwechslungen:** Durch Größe, Gestalt und besonders die jung weinrot gefärbten Zweigspitzen leicht von allen anderen Korallenpilzen zu unterscheiden, unter denen es mehrere, z. T. recht giftige Arten gibt.

Herkules-Keule

Clavariadelphus pistillaris

Ungenießbar
Gefährdete Art!

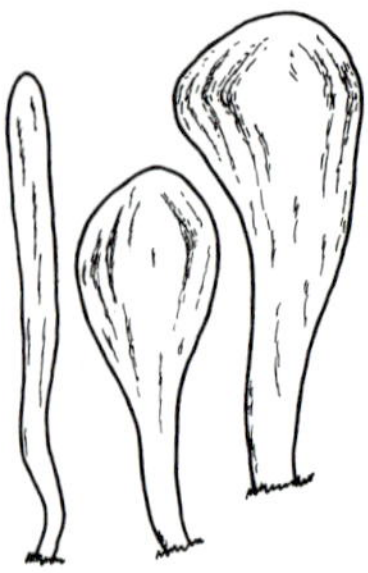

Kennzeichen: Die in Form und Größe sehr variablen Fruchtkörper haben die Gestalt einer einfachen, oben abgerundeten oder auch abgestumpften Keule; meist langgestreckt, aber auch kurz und dick, zylindrisch bis keulenförmig (s. Grafik); eine Keule kann die stattliche Größe von 8–25 (–30) cm erreichen, unten 1–2, oben etwa 2–6 cm breit. Die Farbe ist zunächst hellgelblich bis ockergelblich, später fleisch- bis rotbräunlich, auch graubraun; Stielbasis weißlich. Das Hymenium überzieht fast die gesamte Keulen-Oberfläche, die zunächst glatt, später runzelig längsgefurcht ist. Fleisch weiß, schwammig bis faserig, alt zäh; auf Druck etwas bräunlich verfärbend. Geruch angenehm, aber mit mehr oder weniger bitterem Geschmack. **Vorkommen:** Juli bis November, in Laubwäldern, auf Kalkboden, meist bei Buchen; verbreitet bis zerstreut. **Wert:** Nicht giftig, jedoch wegen des bitteren Geschmacks wohl nicht gerade ein Leckerbissen. **Verwechslungen:** Man kennt in Europa etwa ein halbes Dutzend in Form und Farben ähnliche, jedoch meist etwas kleinere Arten.

Eichhase, Ästiger Porling

Dendropolyporus umbellatus

Jung eßbar

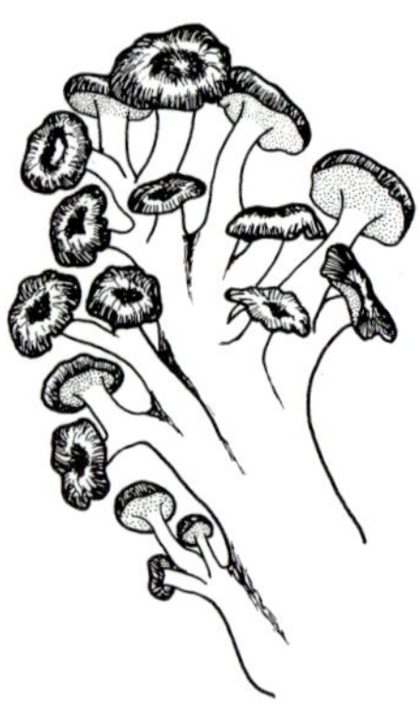

Teil eines Fruchtkörpers

Der Eichhase ist einer der wenigen Porlinge, die als eßbar gelten. **Kennzeichen:** Der Fruchtkörper entwickelt sich aus einem unterirdischen Dauermycel (Sclerotium), d.h. einem großen, knollig verzweigten, innen weißlichen Gebilde mit schwärzlicher Außenschicht; aus diesem mehrjährigen Sklerotium entsteht alljährlich ein bis 30 cm hoher und ca. 50 cm breiter Fruchtkörper, der aus einem kurzen, dicken Strunk besteht, der sich wiederholt in immer dünnere, weißlichblasse Äste aufspaltet, die schließlich an ihren Enden bis zu 200 kleine, rundliche Hütchen tragen (s. Grafik). Einzelhütchen 1–4 cm breit, zunächst gewölbt, dann flach trichterförmig oder in der Mitte vertieft, blaß gelbbraun bis rußfarben, alt heller; kahl oder mit sehr feinen Schüppchen. Röhren weiß, kurz, am Stiel weit herablaufend; Poren sehr klein, weiß, rundlich. Sporenstaub weiß. Fleisch weiß, brüchig, jung weich und saftig, alt zäh. **Vorkommen:** Juli bis Oktober, in Wäldern, meist am Grund alter Eichen- oder Buchenstümpfe; nicht häufig. **Wert:** Gilt jung als guter Speisepilz, sollte jedoch wegen seiner Seltenheit möglichst geschont werden. **Verwechslungen:** Der gleichfalls jung eßbare Klapperschwamm oder Laub-Porling *(Grifola frondosa)* stellt mit 50 cm Höhe und bis zu 15 kg Gewicht ein noch imposanteres Pilzgebilde dar; er besitzt seitlich gestielte, blatt- oder fächerartige Einzelhütchen.

Schwefel-Porling

Laetiporus sulphureus

Jung eßbar, aber roh giftig

Kennzeichen: Fruchtkörper 10–30 (–100) cm breit; mit großen, oft fächerförmigen, aber auch knolligen, meist dachziegelig angeordneten Hüten, die z. T. miteinander verwachsen sind; fleischig; einjährig; zunächst rötlichgelb, später ausblassend, kahl, undeutlich gezont. Röhren schwefelgelb, ebenso wie die sehr feinen Poren; jung gelbliche Tröpfchen abscheidend. Sporenstaub weißlich. Fleisch weiß bis hellgelblich, jung saftig, später recht zäh bis bröckelig. Geruch aromatisch, Geschmack säuerlich. **Vorkommen:** Mai bis Oktober, meist an Laubbäumen in Wäldern, Parkanlagen und an Straßenrändern; nicht selten. Der Schwefel-Porling ist ein gefährlicher Baumparasit, der lebende Bäume befällt und eine Braunfäule verursacht; auch an umgestürzten oder gefällten Bäumen sowie an Stümpfen erscheinen weiterhin die schönen Fruchtkörper. **Wert:** Ganz junge, in 5 mm dicke Scheiben geschnittene Fruchtkörper können nach Abbrühen gebraten oder wie Schnitzel paniert zubereitet werden. Roh kann der Schwefel-Porling bereits in kleinen Mengen Vergiftungen verursachen. **Verwechslungen:** Aufgrund seiner Größe und lebhaften Farben kaum zu verwechseln.

Austern-Seitling, Austernpilz

Pleurotus ostreatus

Jung eßbar

junge Fruchtkörper

Obwohl auf der Hutunterseite deutlich Lamellen ausgebildet sind, ist der Austern-Seitling näher mit den Porlingen als mit den Lamellenpilzen verwandt. **Kennzeichen:** Hut 5–15 (–30) cm breit; jung rundlich, muschelförmig (s. Grafik), später oft flach-zungenförmig, in meist vielhütigen Büscheln; Huthaut glatt; sehr variabel in der Farbe: dunkelgrau, graulila, blaugrau, olivbräunlich, schwärzlichgrau, auch graubräunlich. Lamellen weißlich, engstehend, am Stiel herablaufend und netzig verästelt. Sporenstaub lilaweißlich. Stiel weißlich, kurz und dick, meist seitlich oder exzentrisch; Stielbasis mit steifen, weißen Haaren dicht pelzig besetzt; häufig mit anderen Exemplaren verwachsen. Fleisch weiß, im Hut dick, jung weich, alt ziemlich zäh, im Stiel fast hart. Jung mit angenehmem Geruch und Geschmack. **Vorkommen:** Oktober bis Februar, meist büschelig an Stämmen und Stümpfen von Laubbäumen, selten an Nadelholz; kann auch lebende Bäume befallen und erzeugt eine Weißfäule. **Wert:** Guter und schmackhafter Speisepilz; man sollte nur junge Hüte verwenden; kann auf Holz, Stroh usw. gezüchtet werden. **Verwechslungen:** Einige andere Seitlinge oder auch der Gelbstielige Zwerg-Knäueling *(Panellus serotinus)* sind ähnlich, jedoch nicht giftig.

Strubbelkopf-Röhrling

Strobilomyces floccopus

Geringwertig

junger Fruchtkörper

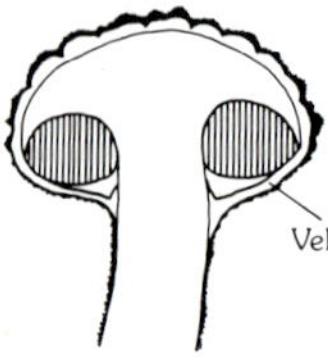

junger Fruchtkörper, Längsschnitt

Kennzeichen: Hut 6–15 cm breit, aber auch 24 cm Durchmesser erreichend; jung fast kugelig (s. Grafik), später mehr oder weniger gewölbt; graubraun bis grauschwarz, mit großen, filzig-flockigen, sparrig abstehenden Schuppen, die oft dachziegelartig angeordnet sind; zwischen dem anfänglich eingerollten Hutrand und dem Stiel ist zunächst ein grauer, kompakter, wolligflockiger Schleier (Velum) ausgespannt (s. Grafik), der aber bald zerreißt; seine Reste bleiben teils als vergänglicher Ring am Stiel und teils in Form wolliger Flocken am Hutrand hängen. Röhren ursprünglich weißgrau, später grau und zuletzt dunkelgrau-schwärzlich; Druckstellen färben sich schwarz. Die Röhren sind 1–3 cm lang, am Stiel angewachsen und besitzen weite, eckige Mündungen. Sporenpulver schwarzbraun. Stiel 1–3 cm dick und 8–15 cm lang; zunächst grau, im Alter schwarz; zylindrisch; flockig-schuppig, mit flockigem, vergänglichem Ring. Fleisch jung grauweißlich und weich, später zäh; beim Anschneiden rötlich verfärbend, zuletzt schwärzlich; Stielfleisch alt holzig-hart, besonders in der Basis. Geruch und Geschmack unangenehm. **Vorkommen:** Juli bis Oktober, im Laub- und Nadelwald; ziemlich selten. **Wert:** Nicht giftig, aber ein Röhrling minderer Qualität. **Verwechslungen:** Keine.

Gallen-Röhrling

Tylopilus felleus

Schwach giftig oder verdächtig, ungenießbar

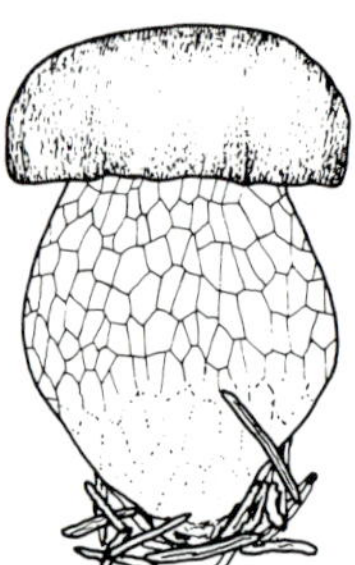

junger Fruchtkörper

Kennzeichen: Hut 7–12 (–15) cm breit; erst halbkugelig, dann gewölbt bis flach; dickfleischig; grau- bis rötlichbraun, auch olivbraun; jung feinfilzig, später kahl. Röhren zunächst weiß, später rosa bis rostbräunlich; um den Stiel herum tief eingebuchtet; an älteren Exemplaren polsterartig vorgewölbt. Stiel 8–12 cm lang; anfangs knollig, dann zylindrisch oder auch dick keulig; kräftig; hell- bis oliv-bräunlich, mit auffallend grobmaschigem, gelblich-bräunlichem Netz (s. Grafik), das mehr als die Hälfte des Stieles bedeckt. Fleisch weiß, zunächst fest, später schwammig; gallbitter schmekkend; Geruch pilzartig. Sporenpulver rosa. **Vorkommen:** Juni bis Oktober, vorwiegend in Nadelwäldern; recht häufig. **Wert:** Wegen seines bitteren Geschmacks völlig ungenießbar. Falls er trotzdem in größeren Mengen genossen wird, kann er Darmstörungen hervorrufen. **Verwechslungen:** Besonders mit jungen Exemplaren des Steinpilzes (s. S.32) leicht möglich. Die zwei Arten unterscheiden sich durch die Röhrenfarbe (gelbgrünlich bzw. rosa) und das Stielnetz (weiß, feinmaschig bzw. braun, grob), am deutlichsten aber durch den bitteren Geschmack des Gallen-Röhrlings.

Steinpilz, Herrenpilz

Boletus edulis

Eßbar
Geschützte Art!
(Ausnahme s. S.6)

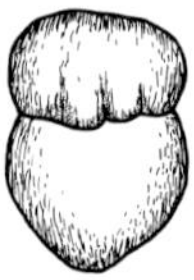

junger Fruchtkörper

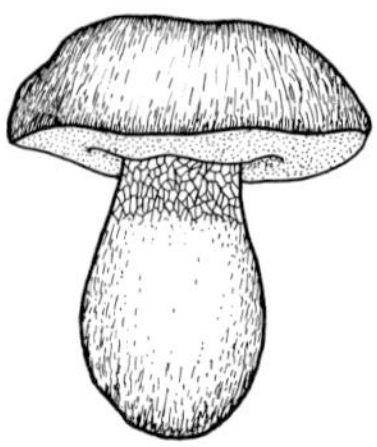

reifer Fruchtkörper mit Adernetz

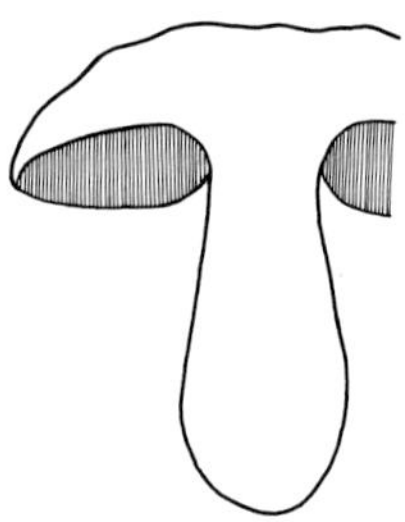

älterer Fruchtkörper, Längsschnitt

Gattungsmerkmale: In Mitteleuropa sind ungefähr 25 Dick-Röhrlinge (Gattung *Boletus*) bekannt. Die Fruchtkörper sind meist sehr groß und dickfleischig, mit oft polsterartig gewölbtem Hut und bauchig-knolligem Stiel; die Röhrenmündungen sind jung rot, weiß oder gelb, alt oft olivgrün. Tödlich giftige Röhrlinge sind nicht bekannt. **Kennzeichen:** Hut 7–20 (–30) cm breit; jung fast kugelig (s. Grafik), später dick polsterförmig gewölbt; zunächst weißlich, dann hell- bis dunkelbraun, auch rotbraun; Hutoberfläche oft gerunzelt, kahl, glatt und trocken, an alten Exemplaren und bei feuchtem Wetter schmierig-klebrig und glänzend. Röhren erst weiß, dann grüngelblich, schließlich olivgrün; Röhrenschicht oft 3 cm hoch, um den Stiel herum deutlich niedriger (s. Grafik, Längsschnitt); sie läßt sich leicht vom Hutfleisch ablösen. Stiel 7–15 (–20) cm lang, 3–6 cm dick; zunächst dickbauchig, an erwachsenen Fruchtkörpern keulenförmig bis zylindrisch, mit weißlichen, später hell- oder graubräunlichen Farbtönen; charakteristisch ist ein feinmaschiges, weißliches Adernetz am oberen Stielabschnitt (s. Grafik). Fleisch jung weiß und fest, aber bald weich werdend; unter der Huthaut rotbräunlich durchgefärbt. Geschmack mild, nußartig; Geruch angenehm. **Vorkommen:** Juli bis November, im Laub- und Nadelwald; in manchen Jahren massenweise auftretend. **Wert:** Der Steinpilz gilt als hervorragender Speisepilz, obwohl das Fleisch älterer Exemplare meist etwas weich und schlüpfrig ist. Je nach Zustand sind Steinpilze sowohl zum Schmoren, Braten und Einlegen als auch zum Einfrieren und Trocknen verwendbar.

Verwechslungen: Der Gallen-Röhrling *(Tylopilus felleus)* wächst häufig im gleichen Waldstück und fruktifiziert gleichzeitig mit dem Steinpilz, so daß junge Exemplare leicht verwechselt werden können (s. S.30 unten). Der Steinpilz selbst ist nach Gestalt, Farbe und Standort sehr variabel, so daß mehrere Formen bzw. Varietäten unterschieden werden können; daneben existieren noch einige ähnliche und nahverwandte Arten, wie der Schwarze Steinpilz *(Boletus aereus)*, der Kiefern-Steinpilz *(B. pinicola)* und der Sommer-Steinpilz (s. S.34 oben). Eine Verwechslung mit diesen Arten ist nicht mit gesundheitlichen Gefahren verbunden, da sie ebenfalls eßbar und wohlschmeckend sind. Bei Nichtbeachtung der typischen Erkennungsmerkmale sind auch Verwechslungen mit anderen Dick-Röhrlingen sowie mit dem Maronen-Röhrling möglich.

Sommer-Steinpilz

Boletus aestivalis

Eßbar

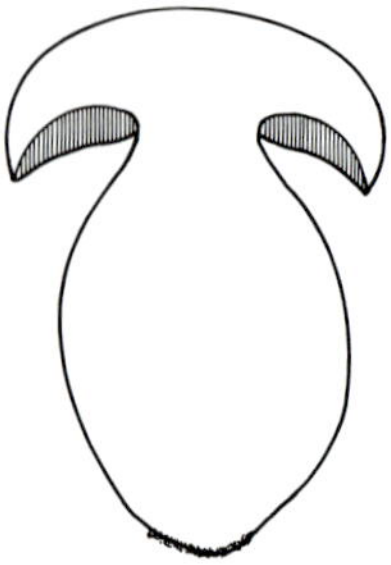

junger Fruchtkörper, Längsschnitt

Kennzeichen: Hut 6–20 (–30) cm breit; jung halbkugelig (s. Grafik), später polsterförmig, alt in der Mitte mehr oder weniger vertieft; hell-, nuß- oder graubräunlich, trocken feinfilzig; Oberhaut oft stark zerrissen und zerklüftet; bei feuchtem Wetter etwas schmierig. Röhren jung weißlich, dann gelbgrün; ausgebuchtet bis fast frei; Poren ähnlich gefärbt wie die Röhren. Stiel zunächst knollig-bauchig, dann keulenförmig bis zylindrisch, voll und fest; oft fast bis zum Grund von einem weißlichen bis hellbräunlichen Adernetz überzogen. Fleisch weich und weiß, nur unter der Oberhaut hellbräunlich gefärbt. Geschmack und Geruch angenehm. **Vorkommen:** Mai bis September, vorwiegend im Laubwald unter Eichen (Eichen-Steinpilz), seltener unter Buchen; liebt warme und sonnige Standorte; häufig bis zerstreut. **Wert:** Eßbar und gut; nach Trocknung als Würzpilz besonders geeignet; meist von Maden befallen. **Verwechslungen:** Unterscheidet sich vom Herrenpilz (s. S. 32) durch etwas schlankeren Stiel, gröbermaschiges und weiter am Stiel herablaufendes Adernetz, sowie sein jahreszeitlich früheres Erscheinen.

Satans-Röhrling

Boletus satanas

Giftig
Stark gefährdete Art!

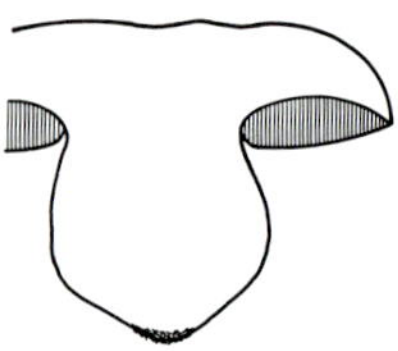

ausgewachsenes Exemplar, Längsschnitt

Kennzeichen: Hut 8–25 cm breit; jung halbkugelig, dann polsterförmig; gut kenntlich an der weißlich-hellgrauen Hutfarbe. Röhren zunächst gelblich, später grünlichgelb, alt olivgelb; Druckstellen werden blaugrün; Poren zuerst blaßgelb, dann karminrot, zuletzt schmutzig olivgelb. Stiel oft breiter als lang und mit 5–12 cm relativ kurz im Verhältnis zur Hutgröße (s. Grafik); eiförmig bis knollig-bauchig; an der Stielspitze gelb, an der Stielbasis gelblich bis olivgrau, dazwischen mit breiter, karminroter Zone; der Stiel ist mit einem roten Adernetz bekleidet. Fleisch weißlich, bei Luftzutritt blaßbläulich verfärbend, im Stiel schwach rötend. Geschmack süßlich; Geruch schon jung unangenehm, an alten Exemplaren widerlich, fast aasartig. **Vorkommen:** Juli bis September, im Laubwald, auf Kalkboden; wärmeliebend; ziemlich selten. **Wert:** Roh auch in kleinen Mengen stark giftig; aber auch geschmort verursacht er mehr oder weniger dramatisch verlaufende Magen- und Darmstörungen. **Verwechslungen:** Stielnetz, Poren- und Hutfarbe charakterisieren den Satans-Röhrling recht gut. Der Netzstielige Hexen-Röhrling (s. S. 36 oben) hat einen dunkleren, gelbbräunlichen (nie silbergrauen) Hut; bei dem nahe verwandten Purpur-Röhrling *(Boletus rhodoxanthus)* ist er rosa getönt und das Fleisch ist zitronen- bis goldgelb.

Netzstieliger Hexen-Röhrling

Boletus luridus

Eßbar, roh giftig

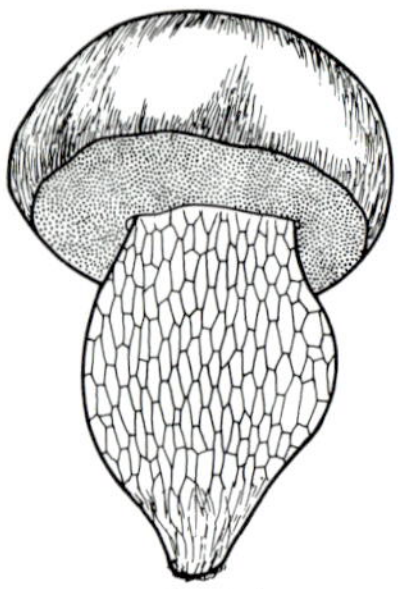

jüngerer Fruchtkörper

Kennzeichen: Hut 8–14 (–20) cm breit; jung halbkugelig, dann gewölbt; olivgraugelb, olivbraun, orangebraun, ziegelrot; jung filzig. Röhren jung gelb, dann olivgrün; Mündungen lebhaft orangerot, alt bräunlichrot verblassend. Röhren, Poren und Stiel verfärben sich an Druckstellen grünblau. Stiel 5–13 cm lang; zuerst knollig, dann bauchig bis keulenförmig oder zylindrisch, mit grobem, gelblichem oder rotbräunlichem, langgezogenem Adernetz (s. Grafik). Grundfarbe des Stiels meist orange, Stielbasis weinrot. Fleisch hellgelb im Hut und oberen Stielteil, in der Stielbasis purpurrötlich; beim Durchschneiden schwach blauend. **Vorkommen:** Juni bis Oktober, in Laub- und Nadelwäldern, auch in Parkanlagen und unter Straßenbäumen; zerstreut. **Wert:** Roh giftig. Ausreichend lange gekocht oder geschmort ein sehr schmackhafter Speisepilz; bei manchen Personen können jedoch auch dann noch starke Verdauungsstörungen auftreten. Bei gleichzeitigem Alkoholgenuß soll es verschiedentlich zu Vergiftungen gekommen sein. **Verwechslungen:** Abgesehen vom Satans-Röhrling (s. S. 34 unten) sind die übrigen rotporigen Röhrlinge nur roh unverträglich bis giftig.

Flockenstieliger Hexen-Röhrling

Boletus erythropus

Eßbar, roh giftig

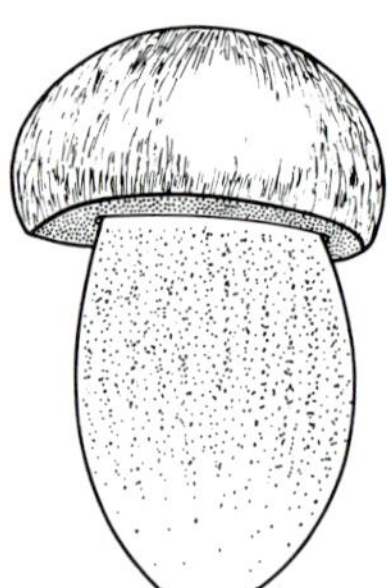

junger Fruchtkörper

Kennzeichen: Hut 6–20 cm breit; jung halbkugelig, später polsterförmig gewölbt; dunkelbraun, mit fein samtiger Oberfläche. Röhren 1–2 cm lang, frei, gelbgrün, mit engen, runden, orange- bis tief blutroten Mündungen, deren leuchtende Farbe mit zunehmendem Alter zu orangebräunlich verblaßt. Bei Verletzungen und an Druckstellen sofort blauschwarz verfärbend. Stiel 4–12 cm lang und 2–4 cm dick; kräftig, dickbauchig bis keulig; auf gelbem Untergrund dicht mit purpurroten Flöckchen besetzt (s. Grafik). Fleisch sattgelb, beim Durchschneiden augenblicklich tief blauschwarz anlaufend; fest. **Vorkommen:** Mai/Juni bis November, im Laub- und Nadelwald; meist recht häufig. **Wert:** Ein ausgezeichneter, sehr schmackhafter, selten madiger Speisepilz, dessen Genuß allerdings bei empfindlichen Menschen auch zu Verdauungsstörungen führen kann. Roh ist der Pilz giftig; daher ist bei der Zubereitung auf ausreichend langes Erhitzen zu achten. **Verwechslungen:** Der an der rotflockigen Stielspitze und dem sofort blauenden Fleisch gut kenntliche Pilz ist auch unter den Namen Schusterpilz, Donner- und Gauklerpilz bekannt. **Anmerkungen:** Die spektakuläre Farbänderung dieses und anderer Pilze ist für ihren Wert als Speisepilze ohne Bedeutung.

Maronen-Röhrling

Xerocomus badius

Eßbar, roh giftig

junge Fruchtkörper

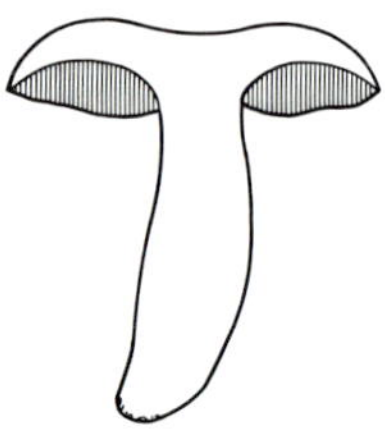

reifer Fruchtkörper, Längsschnitt

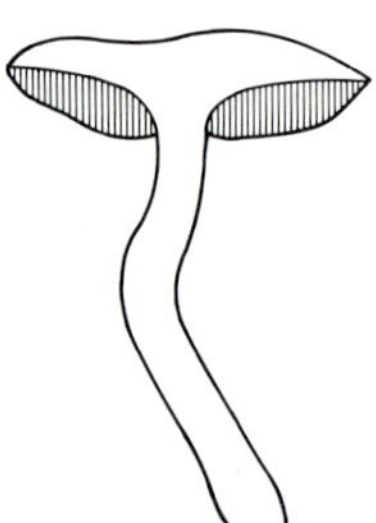

alter Fruchtkörper, Längsschnitt

Gattungsmerkmale: Junge Filz-Röhrlinge *(Xerocomus)* besitzen eine samtig-filzige und trockene Hutoberfläche. Der Stiel ist im Gegensatz zu dem der Boletales (Dick-Röhrlinge) stets verhältnismäßig schlank und oft gleichmäßig dick. Die Röhren sind gelb bis grüngelb gefärbt und besitzen relativ weite Mündungen. **Kennzeichen:** Hut 5–15 (–20) cm breit; jung halbkugelig (s. Grafik), dann flach gewölbt (s. Grafiken, Längsschnitt); schokoladen- bis kastanienbraun, alt heller braun; zunächst feinfilzig bis samtig, später – besonders nach Regen – kahl und glatt, in feuchtem Zustand klebrig-schmierig. Röhren blaßgelb, dann grünlichgelb und zuletzt oliv- bis graugrünlich; an Druckstellen blaugrün verfärbend; Röhrenschicht leicht ablösbar, ausgebuchtet oder angewachsen. Stiel 5–12 cm lang, 1–2 cm dick; Stielform sehr veränderlich: jung oft etwas bauchig, später fast zylindrisch, manchmal verbogen (s. Grafiken, Längsschnitt); Stielspitze meist gelb, sonst gelblichbraun und bräunlich bereift; oft faserig gestreift, aber auch kahl und glatt; der Maronen-Röhrling besitzt niemals eine Netzzeichnung am Stiel und unterscheidet sich dadurch klar vom Steinpilz. Fleisch weißlich-blaßgelblich, an Schnittstellen meist relativ schwach blauend; jung fest, zart und saftig, im Alter zunehmend schwammig werdend. Mit angenehmem Geruch und Geschmack. **Vorkommen:** Juni bis November, vorwiegend im Nadel-, seltener auch im Laubwald, auf sauren Böden; fast überall verbreitet und häufig. **Wert:** Geschmacklich ein ebenso guter Speisepilz wie der Steinpilz. Roh ist der Maronen-Röhrling giftig.

Verwechslungen: Aufgrund von Hutfarbe und -form dem Steinpilz oft recht ähnlich; letzterer besitzt jedoch am oberen Stielteil ein weißliches Netz. Außerdem sind die Stiel-, an jungen Exemplaren auch die Röhrenfarbe des Maronenpilzes recht typisch und damit gute Erkennungsmerkmale. Eine Verwechslung mit dem Gallen-Röhrling (s. S.30 unten) sollte eigentlich nicht vorkommen, da dieser ein deutliches, grobmaschiges Stielnetz und außerdem rosafarbene Röhren und rosa Sporenpulver besitzt. **Anmerkungen:** Nach dem Reaktorunglück von Tschernobyl, das sich 1986 ereignete, hat sich der Maronen-Röhrling leider als einer der Pilze herausgestellt, die radioaktiv stärker belastet waren als andere Speisepilze der gleichen Region. Welche Werte in künftigen Jahren gemessen werden, bleibt abzuwarten.

Ziegenlippe

Xerocomus subtomentosus

Eßbar

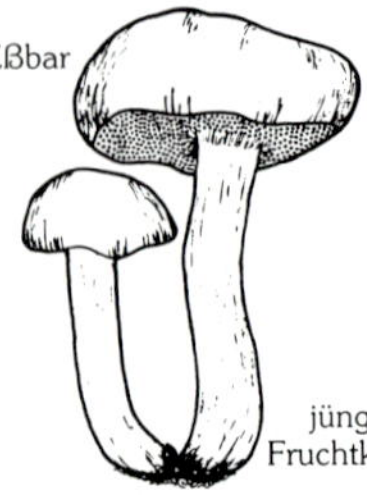

jüngere Fruchtkörper

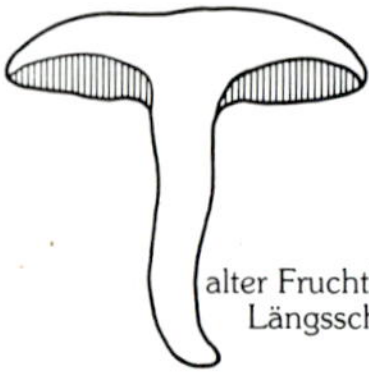

alter Fruchtkörper, Längsschnitt

Kennzeichen: Hut 3–12 cm breit; zunächst polsterförmig (s. Grafik), dann flach gewölbt; olivgelb bis olivbraun, schön samtig-filzig, selten rissig aufspringend. Röhren an jungen Exemplaren leuchtend zitronen- bis goldgelb, später schmutzig grünlichgelb; Druckstellen selten schwach bläulich verfärbend; Röhren am Stiel angewachsen bis herablaufend (s. Grafik, Längsschnitt) und in ihrer Gesamtheit leicht ablösbar. Die Mündungen sind weit und eckig. Stiel 6–11 cm lang; schlank, oft etwas verbogen und an der Basis verjüngt; gelbbräunlich, feinkörnig oder auch längsstreifig. Fleisch weißlich, im Stiel hellgelb, zart, an älteren Exemplaren schwammig; an Schnittstellen erfolgt nur selten eine schwache Blaufärbung. **Vorkommen:** Juni bis Oktober, im Laub- und Nadelwald; häufig. **Wert:** Ein sehr wohlschmeckender Speisepilz, aber nur in jungem Zustand wirklich gut; oft madig. **Verwechslungen:** Mehrere verwandte Arten (s. auch unten) können ähnlich sein; Giftpilze befinden sich jedoch bekanntermaßen nicht darunter.

Rotfuß-Röhrling

Xerocomus chrysenteron

Eßbar

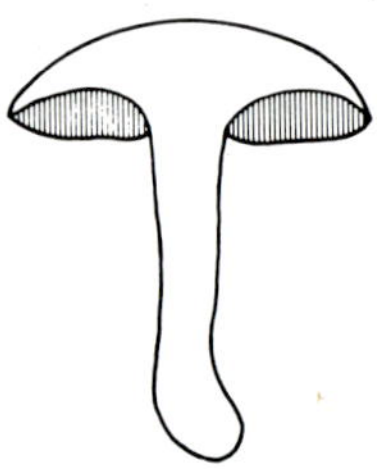

reifer Fruchtkörper, Längsschnitt

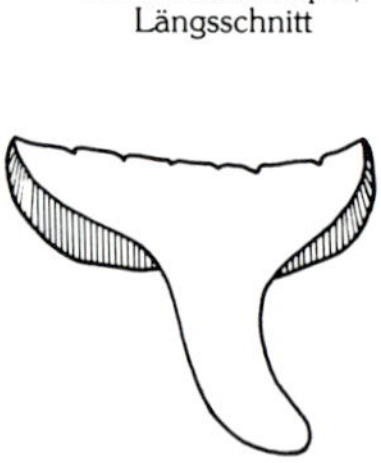

alter Fruchtkörper mit eingerissener Huthaut, Längsschnitt

Kennzeichen: Hut 3–10 cm breit; zuerst halbkugelig, dann gewölbt; jung samtig, später kahl; Huthaut felderig aufreißend (s. Grafik); Risse und Fraßstellen meist rötlich gefärbt. Die Hutfarbe ist recht variabel: braungrau, graubraun, gelb-, rötlich- oder olivbräunlich, auch dunkelbraun. Röhren zitronengelb, grünlichgelb, später olivgrün, Druckstellen schmutzig grünblau fleckend; Röhren angewachsen, kurz herablaufend oder ausgebuchtet (s. Grafiken); Mündungen weit und eckig. Stiel 4–8 cm lang; schlank, manchmal gekrümmt, Basis zugespitzt; gelb bis bräunlichgelb und zumindest stellenweise rot gefärbt. Fleisch gelb bis blaßgelblich, unter der Huthaut rot; beim Anschneiden meist schwach blauend. **Vorkommen:** Juni bis November, im Laub- und Nadelwald; häufig. **Wert:** Jung ein wohlschmeckender Speisepilz, älter geringwertig; sehr schnell faulend! **Verwechslungen:** Oft sehr ähnlich sind die Ziegenlippe (s. oben) sowie der gleichfalls eßbare Blutrote Röhrling *(Xerocomus rubellus),* der eine rote Huthaut besitzt. **Anmerkungen:** Häufig findet man Pilzfruchtkörper, die außen von einem weißen, später gelben, watteartigen Belag (Mycel) umhüllt sind. Sehr häufig handelt es sich dabei um Rotfuß- oder auch andere Röhrlinge, die von einem parasitischen Schlauchpilz, dem sog. Goldschimmel, befallen sind. Solche Pilze sind für Speisezwecke nicht mehr zu verwenden.

Butterpilz

Suillus luteus

Eßbar (verdächtig?)

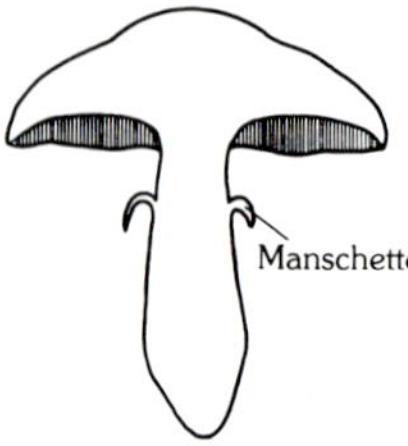

Längsschnitt

Gattungsmerkmale: Charakteristisch für die meisten Arten dieser Gattung ist eine schleimige Huthaut. **Kennzeichen:** Hut 4–10 cm breit; jung halbkugelig, später flach gewölbt; dunkel- bis schokoladenbraun, seltener auch gelbbraun, oft mit eingewachsenen Fasern; von dicker Schleimschicht überzogen; Oberhaut leicht abziehbar. Röhren zunächst hellgelb, alt schmutzig olivgelb. Sporenstaub olivockerbraun. Stiel 3–6 cm lang, gleichmäßig dick; über der großen, häutigen Manschette (s. Grafik) gelb, mit braunen Pünktchen, unterhalb bräunlich. Fleisch weißlich-gelblich, sehr weich und zart und daher schnell faulend. **Vorkommen:** Juli bis November, stets bei Kiefern. **Wert:** Geschmacklich einer der besten Speisepilze, vorwiegend zum Braten, nicht zum Trocknen geeignet. Vereinzelt (bekannt geworden ist bisher ein Fall) können nach dem Genuß des Butterpilzes ähnliche Krankheitssymptome immunhämolytischer Natur auftreten, wie beim Kahlen Krempling (s. S. 52 oben) beschrieben. Möglicherweise enthält auch die gelatinöse Huthaut Giftstoffe, die Verdauungsbeschwerden hervorrufen können. Sie sollte daher nicht mitverzehrt werden. **Verwechslungen:** Gold- und Körnchen-Röhrling sind oft ähnlich (vgl. unten und S. 44 oben).

Gold-Röhrling

Suillus grevillei

Eßbar

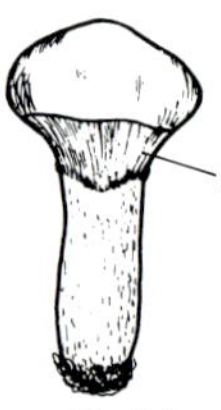

junger Fruchtkörper

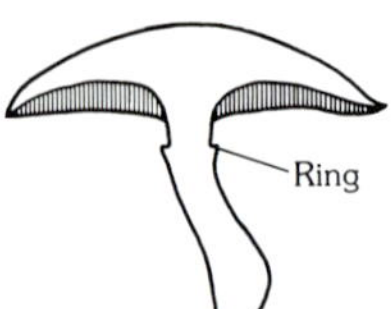

alter Fruchtkörper,
Längsschnitt

Kennzeichen: Hut 4–12 cm breit; jung halbkugelig, dann flach ausgebreitet; zitronen- bis goldgelb, mit stark klebrigem, gelbbraunem Schleim; trocken glänzend; Huthaut leicht abziehbar. Röhren zunächst gelb, dann braungelb, am Stiel meist etwas herablaufend (s. Grafik); Poren zunächst rundlich-punktförmig, zuletzt weit und eckig; bei Druck rotbräunlich verfärbend; junge Exemplare mit weißlichem, dünnhäutigem Schleier (Velum; s. Grafik). Sporenstaub gelblichbraun. Stiel 6–10 cm lang; fest und voll, oft etwas schmierig; durch die herablaufenden Poren an der Spitze netzig; oben lebhaft zitronen- bis goldgelb, mit weißlich-gelblichem, wulstig-kantigem Ring (s. Grafik), darunter gelb bis bräunlich, faserig bis flockig. Fleisch zitronengelblich, später heller, sehr zart; bei Verletzung im Stiel schwach rosaviolett oder bräunlich anlaufend; Stielbasis manchmal etwas blauend; **Vorkommen:** Juni bis Oktober, im Nadelwald, in Parkanlagen; stets unter Lärchen (daher auch Gelber Lärchen-Röhrling genannt). **Wert:** Sehr wohlschmeckender Speisepilz. **Verwechslungen:** Beringter Stiel, schleimiger Hut und der Standort stets unter Lärchen schließen eine Verwechslung aus.

Körnchen-Röhrling
Suillus granulatus

Eßbar

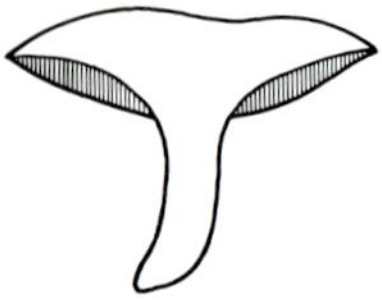

Längsschnitt

Kennzeichen: Hut 4–10 (–14) cm breit; gelbbräunlich bis rötlichgelb, später ockergelb; zunächst halbkugelig, dann flach gewölbt; jung mit dicker, klebriger Schleimschicht, schmierig (daher der Name Schmerling); trokken glänzend und glatt; Huthaut leicht abziehbar. Röhren jung weißlich-hellgelb, dann oliv- bis ockergelb; die Röhren junger Pilze scheiden weißlichgelbe, milchige Tröpfchen aus. Stiel 3–8 cm lang, nahezu gleichmäßig dick, ohne Ring (s. Grafik); hellgelb, oben mit weißlichgelben, später bräunenden Körnchen; ebenso wie die Poren tränt auch die Stielspitze jüngerer Schmerlinge bei feuchter Witterung. Fleisch weißlich-hellgelb, im Stiel gelb; anfangs zart, aber fest, später schwammig. **Vorkommen:** Mai bis Oktober, vorwiegend in Kiefernwäldern (Mykorrhizapilz verschiedener 2-nadeliger Kiefern), auf Kalk- und Sandböden; auch in Gärten, Parkanlagen, Dünen und Trockenrasen zu finden, sofern dort Kiefern stehen. **Wert:** Ein wohlschmeckender Speisepilz; die schleimige Huthaut sollte vor der Zubereitung entfernt werden. **Verwechslungen:** Butterpilz und Gold-Röhrling (s. S. 42) sind ähnlich, besitzen aber einen Ring.

Sand-Röhrling
Suillus variegatus

Eßbar

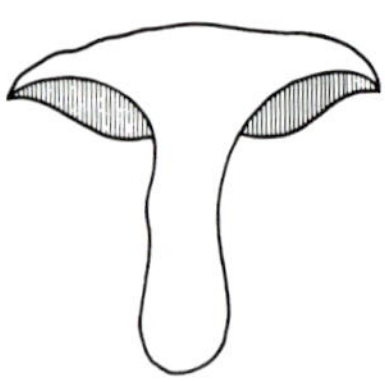

Längsschnitt

Kennzeichen: Hut 6–12 (–15) cm breit; jung halbkugelig, Rand eingerollt, später flach gewölbt (s. Grafik); zuerst braun- oder goldgelb, dann fleischbräunlich bis semmelfarben; jung trocken, mit rotbräunlichen, flokkig-haarigen Schüppchen besetzt, die nach Regen und im Alter verschwinden; bei feuchtem Wetter klebrig-schleimig; Oberhaut nicht abziehbar. Röhren anfänglich bräunlichgelb, mit bald olivbräunlichen Mündungen; bei Druck dunkler fleckend; am Stiel fast immer breit angewachsen und kaum vom Fleisch abtrennbar. Stiel 4–9 cm lang, 2–3 cm dick, zylindrisch; bräunlichgelb, orangeocker, fest, mit glatter Oberfläche und ohne Ring. Fleisch zunächst hellgelb, alt orangegelb, in der Stielbasis auch rötlich; im Schnitt läuft es meist schwach bläulich an; die Verfärbung verschwindet dann aber wieder. **Vorkommen:** Juni bis November, stets bei Kiefern in Wäldern, Mooren, Heiden; meist auf saurem Boden; verbreitet. **Wert:** Junge Sand-Röhrlinge (Hirsepilze) mit noch festem Hutfleisch sind eßbar, wenn auch nicht gerade wohlschmeckend. **Verwechslungen:** Kaum zu verwechseln, wenn man auf die körnig-schuppigen Haarbüschelchen achtet, die die Hutoberfläche rauh erscheinen lassen.

Kuh-Röhrling

Suillus bovinus

Eßbar

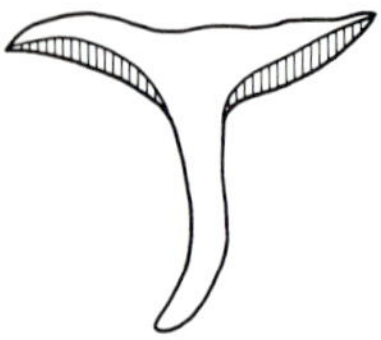

Längsschnitt

Kennzeichen: Hut 3–8 (–10) cm breit; gelbrötlich, später leder-, kuh- oder rötlichbraun, auch dunkler in den verschiedensten Abstufungen; bei feuchtem Wetter schmierig-schleimig, dünnfleischig; Hut am Rande zunächst eingerollt, später flach ausgebreitet, meist unregelmäßig verbogen und oft in der Mitte vertieft. Röhren graugelblich über olivgelblich nach olivbräunlich dunkelnd, mit ca. 1 cm relativ kurz, am Stiel herablaufend (s. Grafik) und schwer vom Hutfleisch abtrennbar; die zunächst kleinen Mündungen werden mit zunehmendem Alter weiter und eckig. Stiel ca. 3–6 cm lang, bis 1,5 cm dick; voll, biegsam, gleichmäßig dick; die Stiele mehrerer Exemplare sind häufig an der Basis miteinander verwachsen; sie sind ähnlich gefärbt wie der Hut, unten jedoch oft schmutzig rot; ohne Ring. Fleisch weißlich, weich, fast gummiartig, im Stiel bräunlich. Geschmack mild, aber fade. **Vorkommen:** Juni bis Herbst, vorwiegend in Nadelwäldern, aber auch in Mooren. Mykorrhizapilz mehrerer Kiefern-Arten. **Wert:** Nicht giftig, aber wenig schmackhaft, zäh-fleischig; junge Exemplare sind im Mischgericht verwendbar, die älteren sowieso meist von Maden zerfressen.

Espen-Rotkappe

Leccinum aurantiacum

Eßbar, roh giftig
Geschützte Art!
(Ausnahme s. S. 6)

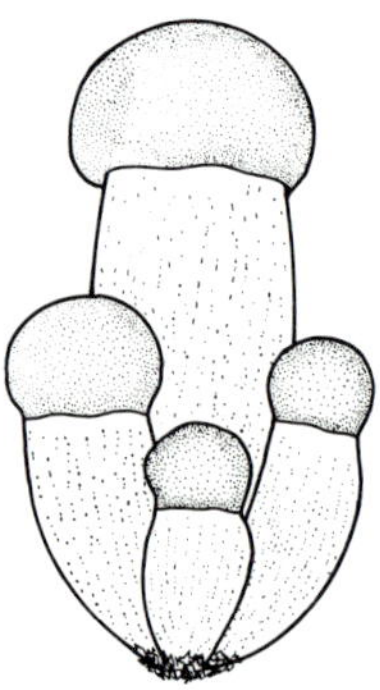

junge Fruchtkörper

Gattungsmerkmale: Vgl. S. 48. **Kennzeichen:** Hut 6–20 cm breit; dickfleischig; jung halbkugelig (s. Grafik), später polsterförmig gewölbt; orangerot, orangebraun, rostrot oder braunrot; Huthaut anfänglich trokken und filzig, bei feuchtem Wetter leicht schmierig, nicht abziehbar, am Hutrand ca. 4 mm überstehend (Kennzeichen sämtlicher Rotkappen-Arten). Röhren zunächst weiß, später graugelblich; Druckstellen weinrötlich verfärbend; Röhren ca. 3 cm lang, ausgebuchtet. Stiel 8–20 cm lang, unten bis 6 cm dick, nach oben deutlich dünner werdend; weißlich, mit zunächst weißen, bald bräunenden, zuletzt rotbraunen Schuppen; voll. Fleisch weiß, an der Luft lila-schiefergrau bis lilaschwärzlich verfärbend. Angenehmer Geruch und Geschmack. **Vorkommen:** Juni bis Oktober, in Wäldern und Gebüschen; das Espen-Rothäubchen (auch Kapuziner genannt) ist Mykorrhizapartner der Espe oder Zitter-Pappel *(Populus tremula)* und daher stets nur unter dieser Baumart zu finden. **Wert:** Der Verzehr roher Espen-Rotkappen hat zu Vergiftungen geführt; geschmort jedoch ein ausgezeichneter und sehr wohlschmeckender Speisepilz, dessen Fleisch beim Kochen eine fast schwarze Farbe annimmt. **Verwechslungen:** Vgl. S. 48.

Schwarzschuppige Rotkappe, Birken-Rotkappe

Leccinum testaceoscabrum

Eßbar (roh giftig)
Geschützte Art!
(Ausnahme s. S. 6)

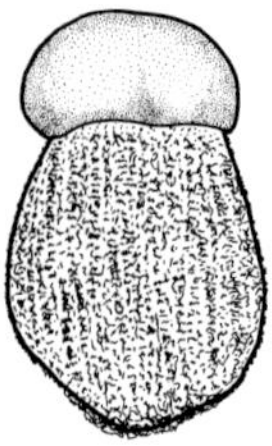

junger Fruchtkörper

junger Fruchtkörper, Längsschnitt

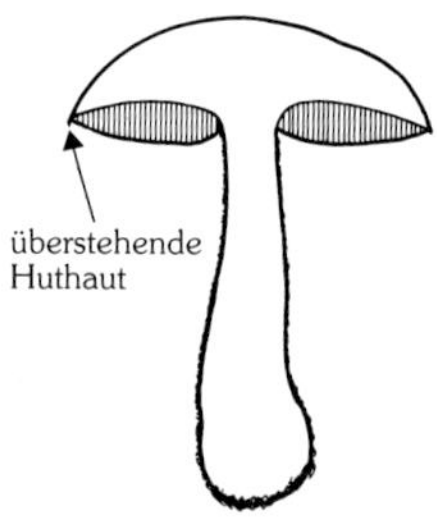

reifer Fruchtkörper, Längsschnitt

Gattungsmerkmale: Die Rauhfüße *(Leccinum)* besitzen als gemeinsames charakteristisches Merkmal einen Stiel, der mit oft dunkleren Schuppen besetzt ist und dadurch eine rauhe Oberfläche erhält. Die weiße bis graue oder gelbe Röhrenschicht ist um den Stiel herum stark niedergedrückt; an alten Exemplaren quillt sie oft unter dem Hutrand hervor. Die Huthaut ist trocken und matt; bei allen Rotkappen sowie einigen anderen Rauhfuß-Arten überragt sie den Hutrand um ca. 4 mm. Bei jungen Exemplaren liegt dieser Hutsaum dem Stiel zunächst eng an. Sämtliche Rauhfüße sind Mykorrhizabildner und meist streng an eine ganz bestimmte Baumart gebunden. **Kennzeichen:** Hut 5–20 cm breit; jung halbkugelig (s. Grafiken), später konvex ausgebreitet; orangegelb, gelborange-hellrot, tiefrötlich-orange; filzig-matt, trocken; nach Regen etwas schmierig; Huthaut am Rande ca. 4 mm überstehend. Röhren grauweißlich, bis 3 cm lang; um den Stiel ausgebuchtet (s. Grafik, Längsschnitt); Poren schon jung schmutzig grau, sehr eng. Stiel 8–22 cm lang und 2–7 cm dick; von weißer Grundfarbe, mit von Jugend an schwarzen Schüppchen besetzt, dadurch rauh; trocken, voll, länglich-bauchig, später keulenförmig oder zylindrisch. Fleisch weiß, im Hut beim Anschneiden zunächst meist rosalila, dann schmutzig lila anlaufend; im und am Stiel blau oder grünlich verfärbend; Hutfleisch erst im Alter weich werdend, im Stiel alt faserig-hart. Milder, angenehmer Geschmack und schwacher, unspezifischer Geruch. **Vorkommen:** Juli bis September, oft in jüngeren, mit Birken durchsetzten Nadelwäldern (Mykorrhizapilz verschiedener Birken-Arten); verbreitet und häufig. **Wert:** Roh ist auch diese Art möglicherweise giftig. Gekocht bzw. geschmort ein sehr guter Speisepilz.

Verwechslungen: Je nach dem Begleitbaum kennt man ca. ein halbes Dutzend Rotkappen-Arten, die sich darüber hinaus hinsichtlich Hut-, Röhren- und Stielschuppenfarbe, Verfärbung des Fleisches sowie Größe unterscheiden. Außer der Birken-Rotkappe und der auf S. 46 unten beschriebenen Espen-Rotkappe unterscheidet man einige weitere Arten, z.B. die nur bei Eichen wachsende Eichen-Rotkappe, Eichen-Rauhfuß *(Leccinum quercinum)* mit meist orangebraunem bis rostrotem Hut und zuletzt braunroten Stielschuppen und die Kiefern-Rotkappe, Fuchs-Röhrling *(Leccinum vulpinum)* mit fuchsroten bis rostbraunen Hutfarben und braunen bis schwarzen Stielschuppen, ein Mykorrhizapartner verschiedener Kiefern-Arten.

Birkenpilz

Leccinum scabrum

Eßbar (roh giftig)
Geschützte Art!
(Ausnahme s. S. 6)

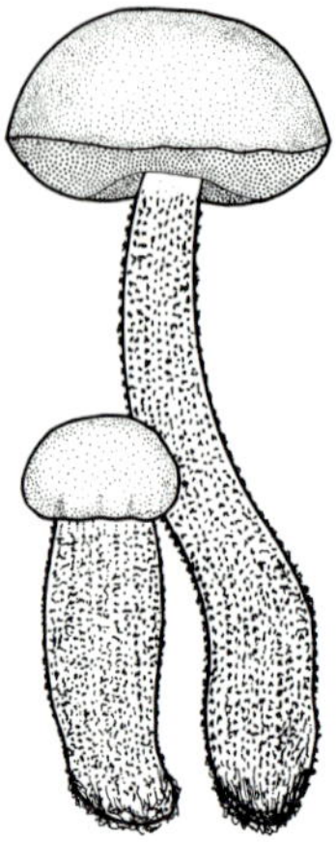

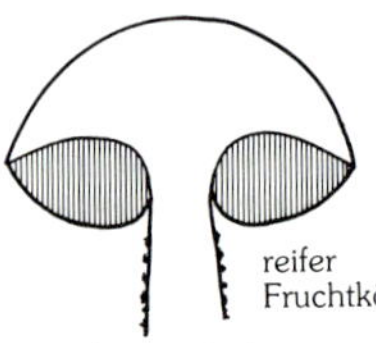

reifer Fruchtkörper

Längsschnitt

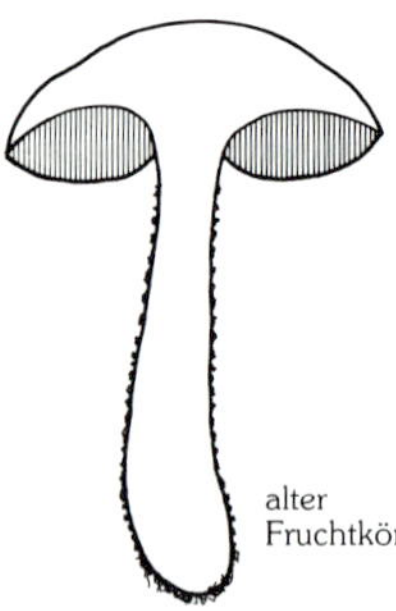

alter Fruchtkörper

Längsschnitt

Kennzeichen: Hut 4–15 cm breit; jung halbkugelig, später polsterförmig; graubraun in verschiedenen Abstufungen, auch grau oder gelbbraun; mit kahler und glatter Oberfläche, die an älteren Exemplaren bei feuchtem Wetter schmierig wird. Röhren zunächst weißlich, allmählich grau werdend; an Druckstellen bräunlich; Röhren oft sehr lang, häufig bauchig nach unten vorgewölbt, um den Stiel herum deutlich kürzer (niedergedrückt; vgl. Grafiken). Die Mündungen sind rund und klein und besitzen die gleiche Farbe wie die Röhren. Stiel 8–15 (–20) cm lang und 1–2 cm dick, d.h. auffallend hoch und schlank, meist gleichmäßig von oben nach unten etwas an Dicke zunehmend. Der Stiel ist auf weißem Grund mehr oder weniger dicht mit kleinen, dunkelbraunen oder schwärzlichen Flokkenschuppen besetzt. Fleisch zunächst weiß, später hellgrau, an der Luft unveränderlich; an jungen Exemplaren fest, aber sehr bald schwammig und weich werdend; bei Regenwetter nimmt das Hutfleisch sehr viel Wasser auf. Besonders in der unteren Stielhälfte ist das Fleisch älterer Birkenpilze hart und zäh, beinahe holzig. Geruch und Geschmack sind angenehm. **Vorkommen:** Juli bis Oktober, in Wäldern, Parkanlagen, an Straßenrändern, in Mooren und auf Heiden, nur unter Birken; recht häufig. **Wert:** Roh vielleicht giftig. Junge Birkenpilze liefern gekocht bzw. geschmort eine gute und schmackhafte Mahlzeit; das Hutfleisch älterer Exemplare wird bei der Zubereitung sehr weich und schleimig; außerdem befinden sich in der Röhrenschicht häufig Maden und Insekteneier, so daß diese leicht ablösbare Schicht am besten vor der Zubereitung entfernt wird. Auch die Stiele älterer Stücke – zumindest deren untere Hälfte – sind infolge ihrer harten und zähen Konsistenz für Speisezwecke ebenfalls kaum zu verwenden. **Verwechslungen:** Mehrere braunhütige Rauhfüße können zu Verwechslungen führen. Erwähnt seien hier nur der Pappel-Rauhfuß *(Leccinum duriusculum)*, dessen Fleisch über kupferrötlich nach schwärzlich verfärbt und der nur unter Zitter-Pappeln *(Populus tremula)* zu finden ist, sowie der Hainbuchen-Röhrling *(Leccinum griseum)*. Das Fleisch des Hainbuchen-Röhrlings zeigt an Schnittstellen meist eine starke schwarzviolette Verfärbung; er wächst unter Espen, Hainbuchen oder auch unter anderen Laubbäumen. Geschmort sind diese Arten gleichfalls eßbar, roh jedoch eventuell giftig.

Kahler Krempling

Paxillus involutus

Giftig

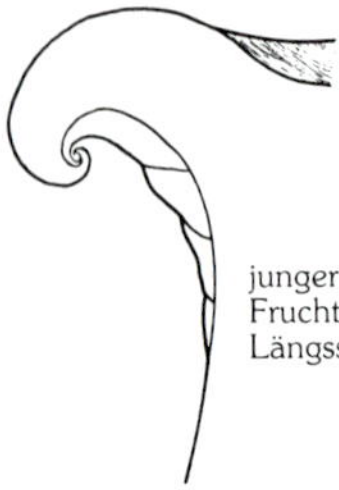

junger Fruchtkörper, Längsschnitt

älterer Fruchtkörper, Längsschnitt

Gattungsmerkmale: Jung stark eingerollter Hutrand und am Stiel herablaufende Lamellen (s. Grafik). Braunes Sporenpulver. **Kennzeichen:** Hut 6–15 und mehr cm breit; oliv- bis gelbbräunlich; jung filzig, besonders an dem stark eingerollten und oft gerippten Rand, später ausgebreitet, oft niedergedrückt (s. Grafiken), verbogen; alt kahl, bei feuchtem Wetter sehr schmierig, trokken glänzend; an Druckstellen entstehen sofort dunkle Flecken. Lamellen jung holzgelb, später schmutzig braun, engstehend, oft gegabelt, am Stiel herablaufend; schon bei leichter Berührung braunfleckend (Empfindlicher Krempling). Stiel 4–8 cm lang und ca. 1–2 cm dick; schmutzig gelblich, rostbräunlich; fleischig, kahl und glatt. Fleisch hellgelblich, weich und zart, bei Verletzung bräunlich. **Vorkommen:** Juli bis Oktober, in Laub- und Nadelwäldern, auch in Gärten, Parkanlagen usw.; sehr häufig. **Wert:** In rohem Zustand stark giftig; galt lange Zeit als in ausreichend geschmortem Zustand eßbar und wurde wegen seines häufigen Vorkommens sehr viel verzehrt; vereinzelte Nachrichten über Unwohlsein (Kollaps) nach einer Kremplings-Mahlzeit und über einige rätselhafte Todesfälle hat man deshalb lange ignoriert, zumal die Betroffenen den Pilz bekanntermaßen bereits sehr häufig genossen hatten. Inzwischen haben Untersuchungen ergeben, daß der Pilz bei bestimmten Menschen nach mehrmaligem Genuß den Zerfall roter Blutkörperchen (= Hämolyse infolge einer Antigen-Antikörper-Reaktion) hervorrufen kann. Diese Erkrankung ist als Allergie zu betrachten, die tödlich enden kann.

Samtfuß-Krempling

Paxillus atrotomentosus

Eßbar, aber minderwertig

Längsschnitt

Kennzeichen: Hut 7–20 (–30) cm breit, gelblich-dunkelbraun, samtig-filzig, alt kahl und oft rissig; jung mit stark eingerolltem Rand und gewölbt, muschelförmig, dann langsam verflachend, zuletzt auch etwas trichterförmig; dickfleischig. Lamellen gelblich, gedrängt, in Stielnähe gabelig-netzig, kurz herablaufend; Druckstellen bräunlich verfärbend. Stiel oft exzentrisch, kurz und kräftig (s. Grafik), ca. 3–6 cm lang und 1,5–4,5 cm dick; voll, besonders jung mit dichtem, dunkelbraunem, samtig-filzigem Haarpelz. Fleisch weißlich-gelblich, jung zart und saftig, alt weich und schwammig. Geruch jung angenehm, alt säuerlich; Geschmack alt bitter. **Vorkommen:** Juli bis Oktober, meist im Nadelwald an morschen Kiefern- und Fichten-Stümpfen; häufig. **Wert:** Nach Überbrühen beschränkt genießbar, nicht besonders schmackhaft (etwas dumpfig).

Falscher Pfifferling

Hygrophoropsis aurantiaca

Schwach giftig

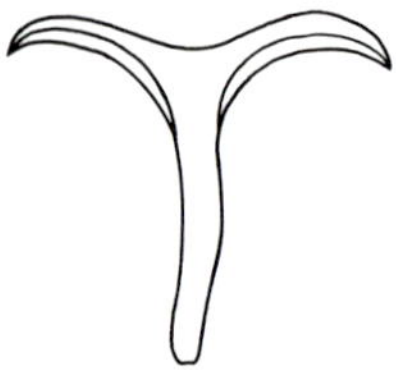

Längsschnitt

Kennzeichen: Hut 3–6 cm breit; orangerot, zuweilen auch blaßgelblich; trocken, feinsamtig-filzig, dünnfleischig; Rand eingerollt, Hut meist niedergedrückt. Lamellen gedrängt, dünn und schmal, mehrfach gabelartig verzweigt (Gabelblättling), am Stiel weit herablaufend (s. Grafik); in den Farben meist intensiver orangerot als der Hut. Sporenpulver weiß. Stiel 3–5 cm lang, schlank; wie der Hut gefärbt; zentral bis exzentrisch. Fleisch blaß orangegelblich, etwas zäh und schlaff. **Vorkommen:** Vorwiegend im Herbst, im Nadelwald, auch an morschem Nadelholz; häufig. **Wert:** Schwach giftig. Eine durch den Falschen Pfifferling hervorgerufene Verdauungsstörung beginnt $^1/_4$ bis 24 Stunden nach der Pilzmahlzeit mit Brechdurchfällen als ersten Symptomen (der Verlauf ist selten dramatisch). Möglicherweise können auch allergische Reaktionen auftreten. **Verwechslungen:** Der Echte Pfifferling (s. S.20) hat häufig blassere Farben und dickliche Leisten auf der Hutunterseite. Stark giftig ist der im Mittelmeergebiet verbreitete, bei uns seltene Ölbaum-Trichterling (*Omphalotus olearius*). Er ist ähnlich gefärbt wie Echter und Falscher Pfifferling, aber meist größer und wächst büschelig an Laubholzstümpfen. Seine Lamellen sind nicht gegabelt. Er kann schwere, aber kaum tödlich verlaufende Vergiftungen hervorrufen.

Kuhmaul

Gomphidius glutinosus

Eßbar

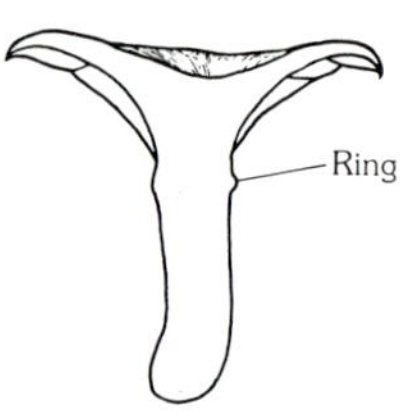

Längsschnitt

Kennzeichen: Hut 5–12 cm breit; lila-, violett- oder schmutzig graubräunlich, später ausblassend und oft schwarzfleckig; der ganze Fruchtkörper ist anfangs von einer schleimig-gelatinösen, durchsichtigen Hülle umgeben. Lamellen jung weißlich, dann stellenweise und zuletzt ganz schwärzlich; entfernt, gegabelt, weit am Stiel herablaufend (s. Grafik), weich und dick. Sporenpulver schwarzbraun. Stiel 5–9 cm lang und 1,5–2,5 cm dick; jung weißlich, dann graubräunlich, unten deutlich zitronen- bis chromgelb; fleischig, schleimig; nach dem Aufreißen des schleimigen Schleiers hinterbleibt ein durch die Sporen dunkelbraun gefärbter, schleimiger Ring (s. Grafik). Fleisch jung weiß, zart und weichfleischig, alt grau; im Stiel gelblich, in der Stielbasis lebhaft zitronengelb. **Vorkommen:** Juli bis November, im Nadelwald, stets unter Fichten (Mykorrhiza); nicht häufig. **Wert:** Jung ein recht wohlschmekkender Speisepilz; der schleimige Überzug ist zu entfernen. **Verwechslungen:** Kaum möglich.

Wald-Schneckling

Hygrophorus nemoreus

Eßbar

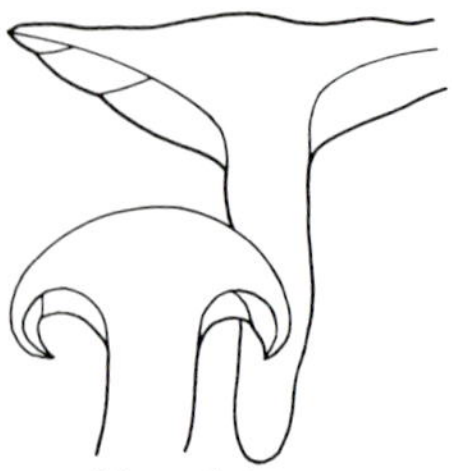

Kennzeichen: Hut 4–10 cm breit, zunächst halbkugelig gewölbt, später ausgebreitet und oft leicht gebuckelt (s. Grafik), zuletzt niedergedrückt; hell orangebraun bis gelblich-ziegelrötlich, Rand heller, feinflaumig; Huthaut leicht schmierig bis trocken, matt, mit angedrückten bis eingewachsenen Fasern. Lamellen hell cremefarben bis rötlichocker, dicklich, wachsartig, entfernt und meist deutlich herablaufend. Sporenstaub weiß. Stiel 4–8 cm lang, bis 1,5 cm dick, gegen die Basis verjüngt; meist verbogen, fleischig, später schwammig; Spitze weißlich, kleiig-körnig, nach unten ockerfarben. Fleisch weiß, unter der Huthaut ockerrötlich, zart, im Stiel wäßrig durchzogen. Milder Geschmack; schwach nach Mehl riechend. **Vorkommen:** September bis Oktober, im Laubwald, meist bei Eichen; gesellig, aber nicht allzu häufig. **Wert:** Guter Speisepilz. **Verwechslungen:** Der verwandte Wiesen- oder Orange-Ellerling *(Camarophyllus pratensis)* ist ähnlich, besitzt jedoch einen glatten Stiel und wächst in der Regel außerhalb des Waldes; er ist gleichfalls eßbar.

Kegeliger Saftling

Hygrocybe conica

Giftig
Geschützte Art!

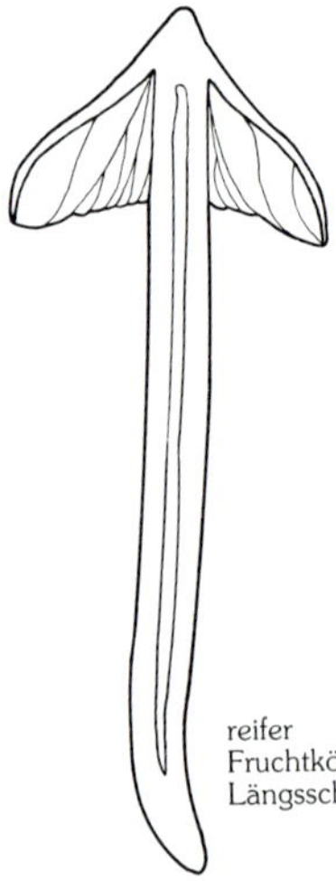

Gattungsmerkmale: Saftlinge *(Hygrocybe)* sind klein bis mittelgroß und relativ dünnfleischig; sie fallen durch ihre leuchtend rot, orange oder gelb gefärbten Fruchtkörper auf, die eine fast glasartige Transparenz besitzen. Die Lamellen sind dick, wachsartig und leicht zerbrechend. Das Sporenpulver ist weiß. **Kennzeichen:** Hut 2–5 cm breit; jung spitzkegelig bis kegelig (s. Grafik), später flacher, mit aufspaltendem Rand, aber in der Hutmitte mit bleibendem, spitzem Buckel; meist lebhaft orange oder orangerot, im Alter oder bei Berührung bzw. Verletzung olivgrau bis rein schwarz verfärbend; jung feucht, später trocken, mattglänzend, mit eingewachsenen Fasern. Lamellen jung zitronengelb, später mehr olivgraugelb, zuletzt schwarz; untermischt, breit, bauchig, oft wellig, fast frei. Stiel 4–10 cm hoch, bis 0,8 cm dick; zylindrisch, alt hohl; längsstreifig; intensiv gelb bis orangegelb; an der zunächst weißlichen Stielbasis schnell schwärzend. Fleisch gelb bis orange, wäßrig. **Vorkommen:** Juni bis Oktober, in Halbtrockenrasen, ungedüngten Wiesen und Weiden, Flachmooren und alpinen Matten zwischen Gräsern; meist außerhalb des Waldes. **Wert:** Giftig; schwache Vergiftungserscheinungen nach dem Verzehr größerer Mengen. **Verwechslungen:** Der Schwärzende Saftling (*Hygrocybe nigrescens*) ist sehr ähnlich und gleichfalls giftig.

Violetter Bläuling

Laccaria amethystina

Eßbar

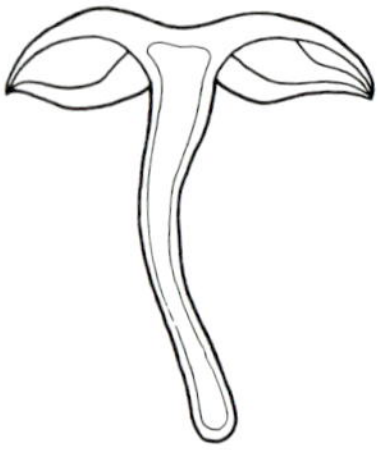

Längsschnitt

Kennzeichen: Hut 2–6 cm breit; jung und in feuchtem Zustand schön amethystblau oder intensiv violett, bei Trockenheit sehr schnell zu schmutzig violettgrau bis fast weißlich verblassend; kahl und glatt; jung stark gewölbt, dann ausgebreitet und oft niedergedrückt (s. Grafik). Lamellen recht dick, entfernt, untermischt; jung tief blauviolett; ausgebuchtet, breit angewachsen oder auch kurz herablaufend. Durch das weiße Sporenpulver weiß bemehlt. Stiel ca. 8 cm lang und etwa 0,5 cm dick; schlank, zäh, oft verbogen, kahl; anfangs violett, dann lilabräunlich, an der Basis mit blauviolettem Mycelfilz. Fleisch weich, amethystfarben. Geruch und Geschmack wenig auffallend. **Vorkommen:** August bis November, im Laub- und Nadelwald; verbreitet und häufig. **Wert:** Eßbar, aber nicht sehr schmackhaft. **Verwechslungen:** Nur durch die lachsrosa bis fuchsbräunliche Färbung unterscheidet sich der gleichfalls eßbare Rötliche Lacktrichterling *(Laccaria laccata)*. Rettich-Helmlinge *(Mycena pura)* sind ausgeblaßten Exemplaren des Violetten Bläulings recht ähnlich. Der Rettich-Helmling ist giftig, an seinem deutlichen Rettichgeruch aber gut zu erkennen.

Mönchskopf

Clitocybe geotropa

Jung eßbar

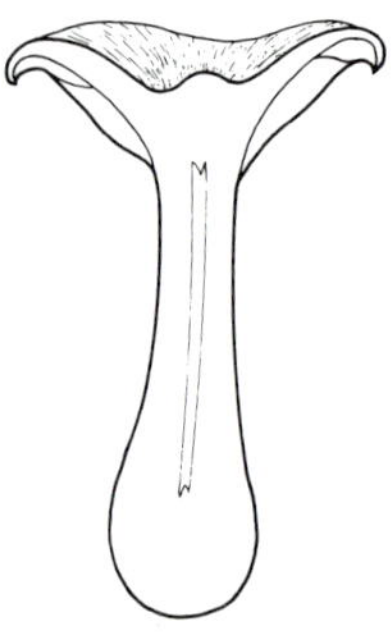

jüngerer Fruchtkörper, Längsschnitt

Kennzeichen: Hut 8–20 (–30) cm breit; jung gewölbt, mit stark eingerolltem Rand; später ausgebreitet, dann trichterförmig vertieft; stets mit einem deutlichen, kleinen Buckel in der Hutmitte (s. Grafik); rötlich-ockergelb, hell lederfarben; jung seidig bereift, älter kahl bis fein schuppig. Lamellen weißlich, cremefarben oder hellbräunlich, am Stiel weit herablaufend; ziemlich dicht stehend, untermischt. Sporenpulver weiß. Stiel 10–15 cm lang; schlank, fest und voll, an der Basis ca. 4 cm dick, nach oben deutlich dünner werdend; wie der Hut gefärbt, aber etwas heller; faserig, am Grunde weißfilzig. Fleisch weißlich, im Hut nicht sehr dick. Kräftiger, süßlich-aromatischer oder an Bittermandeln erinnernder Geruch. **Vorkommen:** In den Herbstmonaten, im Laub- und Nadelwald, auf Waldwiesen und -weiden; gern in Hexenringen mit 30–50 Exemplaren auftretend; nicht häufig. **Wert:** Jung ein recht guter Speisepilz; alte Exemplare sind meist zäh und schmekken fade. **Verwechslungen:** Aufgrund seiner Größe, der von Anfang an ledergelben Hutfarbe und dem stets vorhandenen deutlichen Buckel in der Hutmitte nicht zu verwechseln. Es gibt mehrere ähnlich große, weiße (eßbare) sowie mehrere kleinere, rein weiße oder weißliche (z. T. giftige) Trichterlinge.

Nebelkappe, Nebelgrauer Rötelritterling

Lepista nebularis

Bedingt eßbar, roh giftig

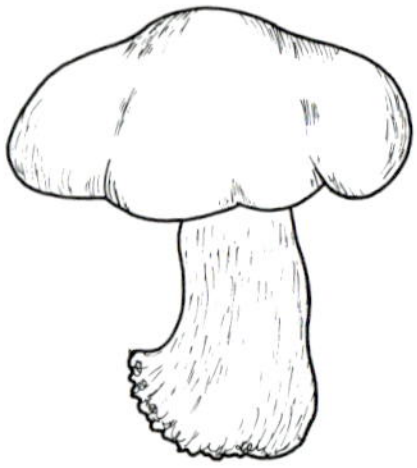

junger Fruchtkörper

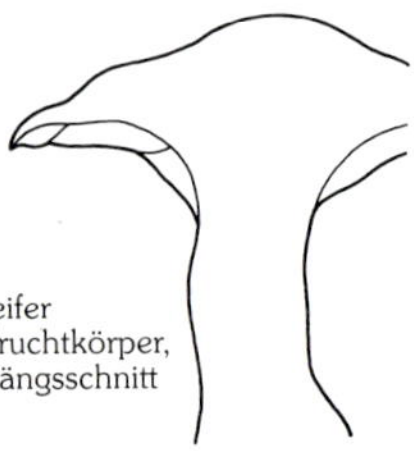

reifer Fruchtkörper, Längsschnitt

Kennzeichen: Hut 7–15 cm breit; jung stark gewölbt (s. Grafiken), mit eingerolltem Rand, später verflachend und alt oft etwas niedergedrückt; aschgrau, graubraun, gelblichgrau, oft mit weißlichem, puderartigem, leicht abwischbarem Reif. Lamellen blaß, dicht gedrängt, kurz am Stiel herablaufend, vom Hutuntergrund leicht ablösbar. Sporenpulver cremefarben. Stiel 6–10 cm lang; weißlich-hellgrau; keulenförmig, unten bis etwa 3 cm verdickt. Fleisch weiß, weich. Geruch und Geschmack intensiv süßlich-aromatisch, aufdringlich parfümartig. **Vorkommen:** Ausgesprochener Herbstpilz (Herbstblattl, auch Graukappe oder Nebelgrauer Trichterling genannt); meist in Wäldern, oft in Hexenringen; sehr häufig. **Wert:** Wegen des aufdringlich süßlichen Geruchs und Geschmacks nicht jedermanns Sache; Abbrühen und Weggießen des Kochwassers wird empfohlen; besonders größere Mengen sind nicht immer bekömmlich; roh vermutlich giftig. **Verwechslungen:** Der ähnliche Keulenfüßige Trichterling *(Clitocybe clavipes)* hat in Verbindung mit Alkohol vereinzelt ähnliche Vergiftungen hervorgerufen wie der Graue Falten-Tintling (s. S. 94 oben). Der sehr giftige Riesen-Rötling (s. S. 74 oben) besitzt rosa Sporenpulver, ausgebuchtete Lamellen und deutlichen Mehlgeruch. Mehrere weiße (weißliche) Trichterlinge sind z. T. stark giftig.

Violetter Rötelritterling

Lepista nuda

Eßbar, roh giftig

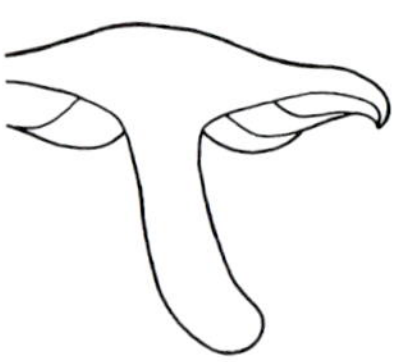

Längsschnitt

Kennzeichen: Hut 6–15 cm breit; zunächst gewölbt, mit eingerolltem Rand, später flach bis niedergedrückt, dickfleischig, kahl und glatt; jung violettlila gefärbt; Huthaut allmählich braun verfärbend. Lamellen jung schön violett, später lilabräunlich verblassend, engstehend, untermischt, am Stiel abgerundet (s. Grafik) und leicht vom Hutfleisch abtrennbar. Sporenstaub fleischrötlich. Stiel 6–10 (–12) cm lang, bis 2,5 cm dick, keulenförmig; violett, alt weißlich verblassend; an der Stielspitze flockig, sonst glatt. Fleisch weich und zart, jung violett, verblassend. Geruch angenehm aromatisch bis leicht parfümiert. **Vorkommen:** Im Herbst, im Laub- und Nadelwald, oft in Hexenringen; verbreitet und sehr häufig. **Wert:** Roh giftig; zubereitet (Abbrühen und Kochwasser wegschütten!) jedoch ein guter und wohlschmeckender Speisepilz. **Verwechslungen:** Einige weitere, violett bis lila gefärbte Rötelritterlinge gelten gleichfalls als eßbar (Zubereitung wie oben beschrieben). Der Lila Dickfuß *(Cortinarius traganus)* unterscheidet sich durch bräunliches Fleisch und braunes Sporenpulver; er ist schwach giftig.

Rötlicher Holz-Ritterling

Tricholomopsis rutilans

Jung eßbar, minderwertig

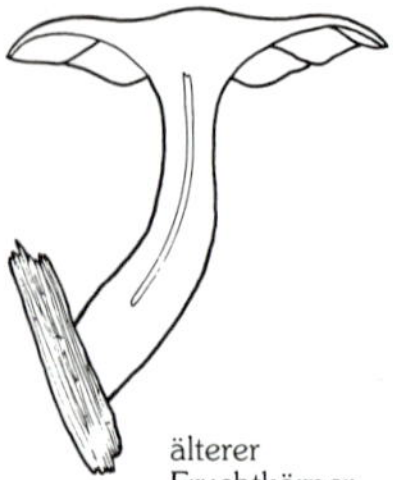

älterer Fruchtkörper, Längsschnitt

Kennzeichen: Hut 5–12 cm breit; jung gewölbt, später ausgebreitet, mit stumpfem Buckel (s. Grafik); auf gelbem Untergrund mit dichter, dunkel purpurroter (selten auch gelber) Filzbekleidung, die sich beim Wachstum des Hutes in feine Schüppchen auflöst; der Hutrand ist weniger dicht besetzt; die intensiven Farben verblassen im Alter. Lamellen leuchtend gelb, gedrängt, abgerundet. Sporenstaub weiß. Stiel 5–12 cm lang; fest und voll, später auch etwas hohl; ebenso wie der Hut gelb, mit weinrotem Haarfilz. Fleisch gelb. Geschmack mild; Geruch leicht moderig; auf sehr morschem Holz auch stärker erdig-dumpfig. **Vorkommen:** Juni bis November, auf oder neben Nadelholzstümpfen, seltener an Laubholz; häufig. **Wert:** Jung eßbar, nicht sonderlich wohlschmeckend; auch wegen seines oft dumpfen Geschmacks, der bei empfindlichen Personen Übelkeit hervorrufen kann, als Speisepilz nur bedingt verwendbar. **Verwechslungen:** Der farbenprächtige Pilz ist kaum zu verwechseln.

Mai-Ritterling

Calocybe gambosa

Eßbar

Kennzeichen: Hut 5–10 (–15) cm breit; jung gewölbt, mit eingerolltem Rand, später eher flach ausgebreitet, manchmal verbogen; kahl, glatt und trocken; weißlich-cremefarben bis hell-ockergelblich. Lamellen cremeweiß, sehr engstehend, nicht gegabelt, abgerundet oder ausgebuchtet angewachsen. Sporenstaub weiß. Stiel 5–8 cm lang, bis 2 cm dick; weißlich bis hell lederfarben, meist kräftig, voll, oft im unteren Teil verdickt. Fleisch jung weiß und fest, dann hellgelblich und etwas weicher werdend. Mit starkem Geruch nach frischem Mehl oder Gurken. **Vorkommen:** Fast ausschließlich im Mai auftretend, meist im Laubwald, gern an Wegrändern, in Parkanlagen, Gebüschen, auch auf Wiesen; häufig. **Wert:** Ein sehr guter Speisepilz. **Verwechslungen:** Gefährlich ist eine Verwechslung mit dem stark giftigen Ziegelroten Rißpilz (s. S. 102 unten), der zur gleichen Zeit und in unmittelbarer Nachbarschaft zu Maipilzen seine jung gleichfalls weißlichen Fruchtkörper ausbilden kann. Der fehlende Mehlgeruch und die charakteristische, an jungen Exemplaren allerdings oft undeutliche, ziegelrote Verfärbung von Hut, Fleisch und Lamellen, sowie das ockerbraune Sporenpulver sind aber eindeutige Unterscheidungsmerkmale. Weiße, recht giftige Trichterlinge *(Clitocybe)* besitzen gleichfalls intensiven Mehlgeruch, sind jedoch meist viel schmächtiger und unterscheiden sich außerdem durch herablaufende Lamellen.

Grünling

Tricholoma flavovirens

Eßbar
Gefährdete und geschützte Art!

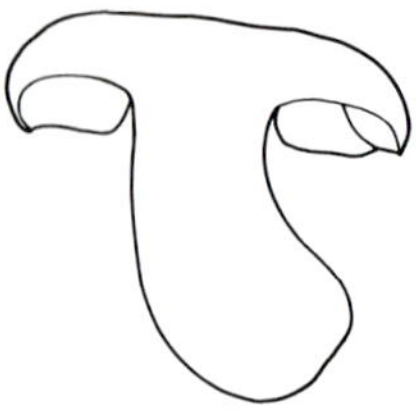

junger Fruchtkörper, Längsschnitt

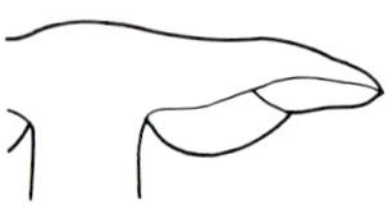

älterer Fruchtkörper, Längsschnitt

Kennzeichen: Hut 6–10 cm breit; zunächst gewölbt oder glockig, mit eingerolltem Rand; später verflachend, oft verbogen, stumpf gebuckelt; hellgelb bis olivgelb, mit bräunlicher, oft feinschuppiger Mitte und radial verlaufenden, eingewachsenen Fasern; Huthaut anfangs klebrig und mit Sand, Erdpartikeln, Kiefernnadeln usw. verschmutzt. Lamellen schwefelgelb, am Stiel tief ausgebuchtet (s. Grafiken). Sporenstaub weiß. Stiel 4–8 cm lang; schwefelgelb, voll; fast glatt bis leicht faserschuppig; oft tief im Erdboden steckend. Fleisch weißlich-hellgelblich, unter der Huthaut gelb. Milder Geschmack, schwach nach Gurken oder frischem Mehl riechend. **Vorkommen:** September bis November, in sandigen Kiefernwäldern und Heiden. **Wert:** Sehr guter Speisepilz; bei gleichzeitigem Genuß von Alkohol sind Unverträglichkeitserscheinungen möglich. Steht heute unter Schutz und darf nicht mehr gesammelt werden! **Verwechslungen:** Der in Laubwäldern vorkommende giftige Schwefel-Ritterling *(Tricholoma sulphureum)* unterscheidet sich deutlich durch unangenehmen, leuchtgasartigen Geruch. Weitere mögliche Doppelgänger sind an scharfem oder bitterem Geschmack zu erkennen.

Tiger-Ritterling

Tricholoma pardinum

Giftig
Gefährdete Art!

junger Fruchtkörper, Längsschnitt

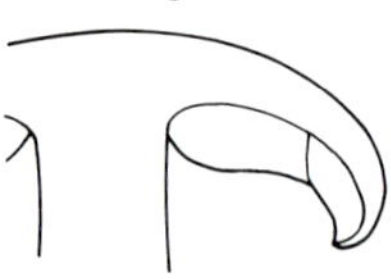

reifer Fruchtkörper, Längsschnitt

Kennzeichen: Hut 5–11 (–20) cm breit; jung halbkugelig-glockig, dann flach ausgebreitet (s. Grafiken), oft unregelmäßig verbogen; silber- oder violettgrau, graubraun; trocken; jung faserig, später bricht die Huthaut in viele kleine, zunächst anliegende, alt auch etwas abstehende Faserschuppen auf, zwischen denen der weißliche Untergrund sichtbar wird. Lamellen weißlich, breit, bauchig, untermischt, ausgebuchtet angeheftet, oft tränend. Sporenstaub weiß. Stiel 4–10 cm lang; dick, meist keulenförmig; zunächst weiß, dann hell- bis ockerbräunlich; fein längsfaserig gestreift, kahl bis fein schuppig; Stielspitze scheidet oft Wassertropfen aus. Fleisch weiß, fest. Geschmack mild, starker mehlartiger Geruch. **Vorkommen:** Juni bis Oktober, in Laub- und Nadelwäldern; ziemlich selten. **Wert:** Giftig. Verursacht oft schwere, wenn auch nicht lebensgefährliche Vergiftungen. **Verwechslungen:** Mehrere grauhütige, eßbare und z. T. gleichfalls nach Mehl riechende Ritterlinge sind ähnlich und besonders für den Anfänger schwer von dem giftigen Tiger-Ritterling zu unterscheiden, wie z. B. der Gilbende Ritterling *(Tricholoma scalpturatum)* und der Erd-Ritterling *(T. terreum)*. Auch Verwechslungen mit der Nebelkappe (s. S. 60 oben) kommen vor.

Hallimasch

Armillariella mellea

Eßbar, roh giftig

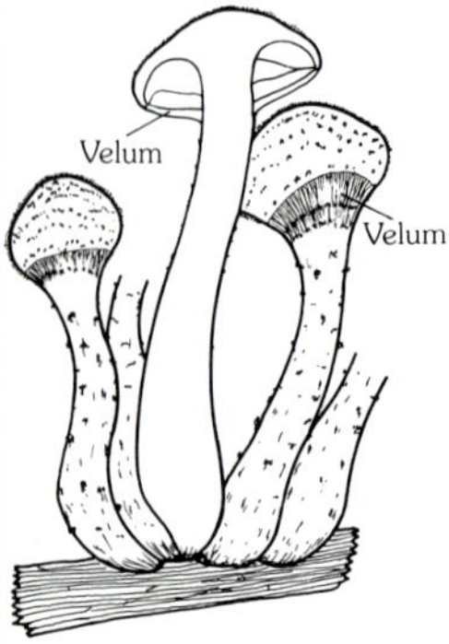

junge Fruchtkörper, mittlerer im Längsschnitt

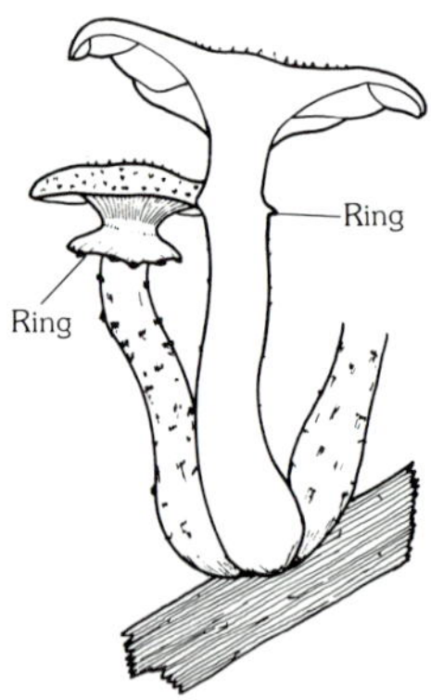

links jüngerer Fruchtkörper, daneben Längsschnitt durch reifes Exemplar

Der Hallimasch wird hier als Sammelart betrachtet, die neuerdings in mehrere Kleinarten gegliedert wird, zwischen denen häufig Überschneidungen zu beobachten sind. **Kennzeichen:** Hut 4–14 cm breit; jung kugelig, dann flach gewölbt bis ausgebreitet, gebuckelt (s. Grafiken); Hutfarbe sehr variabel: honiggelb, ockerbraun, olivbraun, rotbräunlich; jung oft olivfilzig, dann besonders in der Hutmitte mit gelben, braunen oder schwärzlichen, haarig-zottigen Schüppchen besetzt, alt fast kahl; Hutrand jung eingerollt und oft mit weißen Flöckchen behangen. Lamellen jung weißlich, cremefarben, alt schmutzig rostbräunlich, fleischrötlich, z.T. braunfleckig; breit angewachsen, auch wenig ausgebuchtet bis leicht herablaufend; schmal, gedrängt, untermischt. Sporenstaub weiß bis cremefarben. Stiel 8–14 cm lang, bis 1,5 cm dick; anfangs unten keulig verdickt; über dem flockig-häutigen Ring hell fleischfarben und gerieft, unterhalb gelblich oder braun, z.T. mit dunkelbraunen Schüppchen besetzt, Basis olivschwärzlich. Fleisch jung weißlich, älter rosa bis bräunlich; im Stiel außen faserig bis zäh, innen bald schwammig. Ohne auffallenden Geruch; Geschmack zunächst mild, dann herb zusammenziehend. **Vorkommen:** Vorwiegend im Herbst, an lebenden und toten Stämmen von Nadelbäumen, seltener auch an Laubbäumen (gefährlicher Baumparasit!); auch an Stümpfen und im Boden vergrabenem Holz; meist büschelig; sehr häufig, in manchen Jahren sind regelrechte Massenvorkommen zu beobachten. **Wert:** Roh stark giftig; muß vor der Zubereitung abgebrüht werden (Kochwasser weggießen!); nach ausreichend langem Schmoren, Kochen oder Einlegen in Essig jedoch ein guter Speisepilz; eßbar sind nur junge Hüte mit noch weißlichen Lamellen; Stiele sind nicht nur zäh, sondern auch unbekömmlich. **Verwechslungen:** Schuppiger Hut und helles Sporenpulver sollten Verwechslungen mit Schwefelköpfen (s. S. 98, 100 oben), Schüpplingen *(Pholiota)*, Flämmlingen *(Gymnopilus)*, dem Nadelholz-Häubling (s. S. 108 oben) u.a. ausschließen. **Anmerkungen:** Der Hallimasch kann lebende Bäume befallen und zum Absterben bringen, da er ihre Leitungsbahnen durch dicke Mycelstränge (sog. Rhizomorphen) verstopft; diese können später auch im Erdboden weiterwachsen und benachbarte Bäume infizieren. Junge, wachsende Rhizomorphen zeigen im Dunkeln eine Biolumineszenz, d.h. sie strahlen ein blaßgrünliches Licht aus, das durch chemische Umsetzungen entsteht.

Waldfreund-Rübling

Collybia dryophila

Eßbar

Längsschnitt

Gattungsmerkmale: Die Gattung Rüblinge *(Collybia)* enthält kleine und mittelgroße Arten mit hellem Sporenpulver; die Stiele sind elastisch, knorpelig-zäh und hohl (s. Grafik), ähnlich einem Gummischlauch; »ausgezeichnete« Speisepilze befinden sich nicht darunter. **Kennzeichen:** Hut 2–6 cm breit; anfangs glockig, dann flach ausgebreitet, mit oft wellig verbogenem Rand; biegsam und dünnfleischig; glatt und kahl; hellgelb-bräunlich, ockerfarben oder rotbräunlich, trocken bzw. alt gelblichweiß ausblassend; Rand nur feucht ganz schwach gerieft; in Form und Farbe recht variabel. Lamellen weißlich, gelblich, sehr dicht stehend, schmal. Sporenstaub weiß. Stiel 3–7 cm lang, 2–5 mm dick; schlank, knorpelig-zäh, alt hohl; lebhaft braungelb oder fuchsrot, kahl und glatt, an der Basis oft etwas verdickt. Fleisch blaßgelblich, wäßrig. Angenehmer Geruch nach frisch gesägtem Holz und milder Geschmack. **Vorkommen:** Mai bis November, in feuchten Wäldern; sehr häufig. **Wert:** Eßbar; die zähen Stiele sind auf keinen Fall verwendbar. **Verwechslungen:** Der ungenießbare, meist an Holz wachsende Brennende Rübling *(Collybia peronata)* ist an brennend scharfem Geschmack und gelb-filziger Stielbasis erkennbar.

Horngrauer Rübling

Collybia asema
Syn.: *Collybia butyracea* var. *asema*

Eßbar

Kennzeichen: Hut 3–6 cm breit; jung glockenförmig, gewölbt, später ausgebreitet, mit stumpfem Buckel; horngrau, hellolivgrau, gelblichgrau, Hutmitte dunkler grau- oder olivbraun; hygrophan; feucht mit gerieftem Rand; dünnfleischig; kahl und glatt. Lamellen weißlich, weich, engstehend, breit, am Stiel abgerundet. Sporenpulver weißlich. Stiel 4–6 cm lang, 1–1,5 cm dick; graugelblich, graubräunlich, Stielspitze etwas heller; nach unten kegelförmig verdickt, auch keulig aufgeblasen; innen zunächst vollmarkig, schwammig, später meist hohl; Stiel außen zähfaserig berindet, knorpelig, längsstreifig, häufig verdrillt; Stielbasis weißfilzig. Fleisch trocken hell, feucht graulich, im Stiel weiß. Milder Geschmack und schwacher, fruchtartiger Geruch. **Vorkommen:** August bis November, in Nadel- und Laubwäldern; häufig. **Wert:** Eßbar, aber ohne besonderen Wohlgeschmack. Die Stiele sind ungenießbar. **Verwechslungen:** Gestaltlich nahezu identisch ist der Kastanienbraune oder Butter-Rübling *(Collybia butyracea)* mit rotbraunem Hut. Er ist durch alle möglichen Übergangsformen mit dem Horngrauen Rübling verbunden; letzterer wird daher auch oft als Varietät des Butter-Rüblings betrachtet.

Feld-Schwindling, Nelken-Schwindling
Marasmius oreades

Eßbar

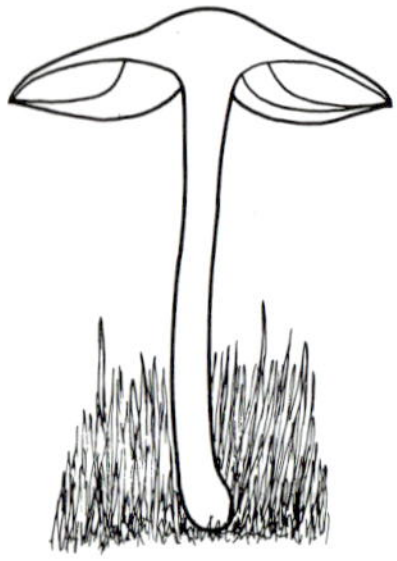

Längsschnitt

Kennzeichen: Hut 2–6 cm breit; hygrophan: trocken hell graugelb oder ledergelb, in feuchtem Zustand dunkler, besonders in der Mitte fleischocker bis hell rötlichbraun; jung flach glockig, dann flach, mit schwachem Buckel (s. Grafik), wellig verbogen; zäh und elastisch. Lamellen weißlich, breit und dicklich, sehr entfernt stehend, abgerundet. Sporenpulver weiß. Stiel 4–8 cm lang, bis 0,5 cm dick; zylindrisch, schlank, steif und zäh, voll; etwas heller als der Hut. Fleisch weißlich. Geruch angenehm nach Bittermandeln (Blausäure); mit nußartigem Geschmack. **Vorkommen:** Mai bis November, vorwiegend auf Wiesen, Weiden, Rasenplätzen, oft in Hexenringen (vgl. Foto S. 12); häufig. **Wert:** Vorzüglicher Speisepilz. Die Stiele sind ungenießbar. Die im rohen Pilz vorhandene Blausäure verflüchtigt sich schnell beim Kochen oder Trocknen. **Verwechslungen:** Standorte des Nelken-Schwindlings können auch von verschiedenen kleinen, giftigen bzw. giftverdächtigen Schirmlingen *(Lepiota)* besiedelt sein; letztere besitzen einen Ring am Stiel und freie, engstehende Lamellen. Verwechslungen können auch mit giftigen Trichterlingen (s. S. 62 unten) und mit dem stark giftigen Ziegelroten Rißpilz (s. S. 102 unten) vorkommen.

Samtfuß-Rübling
Flammulina velutipes

Eßbar

Kennzeichen: Hut 3–6 (–10) cm breit; erst glockig, später ausgebreitet, mit oft wellig verbogenem, durchscheinend gerieftem Rand; lebhaft honiggelb oder rostgelb, mit meist bräunlicher Mitte; Huthaut jung zart flaumig, dann kahl, bei feuchtem Wetter schmierig. Lamellen weißlich. Sporenstaub weißlich. Stiel 3–10 cm lang, bis 1,5 cm dick; oben meist gelblich, sonst dunkelbraun, mit dichtem, samtigem Haarfilz überzogen; unten häufig spindelförmig zugespitzt oder auch rübenartig verdickt; erst voll, später hohl, recht zäh. Fleisch weißlich, jung weich, später zäh. Milder Geschmack. **Vorkommen:** September bis April (Winterpilz, Winter-Rübling), oft in Büscheln an Stümpfen sowie toten und lebenden Stämmen verschiedener Laubbäume, kaum an Nadelholz; häufig. Läßt sich relativ leicht züchten. **Wert:** Ein wohlschmeckender Speisepilz; man sollte jedoch nur die Hüte verwenden. **Verwechslungen:** Besonders auf den giftigen Grünblättrigen Schwefelkopf (s. S. 100 oben) ist zu achten, obwohl der schwarzsamtige Stiel und die schmierige Huthaut Verwechslungen mit anderen büschelig wachsenden, gelbhütigen Pilzen ausschließen sollte.

Breitblättriger Rübling

Megacollybia platyphylla
Syn.: *Oudemansiella platyphylla*

Giftig

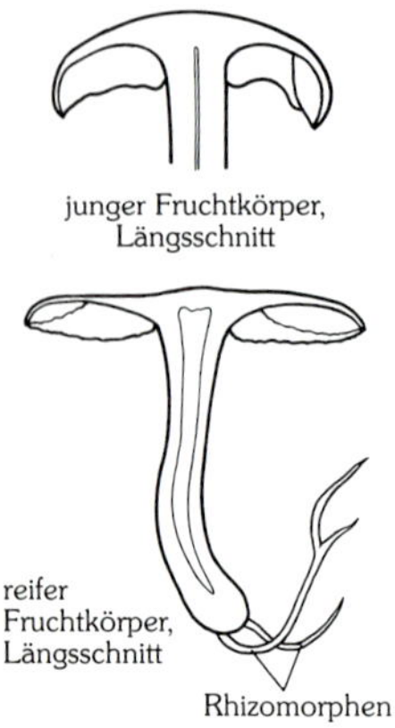

Kennzeichen: Hut 5–12 (–18) cm breit; jung glockig, gewölbt (s. Grafik), später ausgebreitet; leicht zerbrechend, am Rand oft einreißend; dünnfleischig; graubraun, mit eingewachsenen, radial verlaufenden, dunkleren Fasern, in der Mitte oft fast schwärzlich und etwas filzig. Lamellen weißlich, entfernt stehend, auffallend breit, bauchig, stark ausgebuchtet bis fast abgerundet, untermischt; Schneide grob gekerbt. Sporenpulver weiß. Stiel 5–10 (–15) cm hoch; gleichmäßig dick, faserig-knorpelig, jung voll, später hohl; an der Stielbasis abgestutzt und oft mit dicken, weißen Mycelsträngen (Rhizomorphen; s. Grafik), die sich mehr als 1 m weit ausbreiten können; zunächst weißlich, später meist hellgraubraun. Fleisch weiß, weich. Ohne spezifischen Geruch; mit mildem Geschmack. **Vorkommen:** Mai/ Juni bis September; oft mehrere Exemplare an oder bei morschem Laub-, seltener Nadelholz, auch in dicken Laub- und Humusschichten; häufig. **Wert:** Giftig. Er galt bisher als eßbar. Erst in letzter Zeit sind sowohl aus Europa als auch aus Nordamerika einige Vergiftungsfälle bekannt geworden. **Verwechslungen:** Gut kenntlich an dem faserstreifigen Hut, den sehr breiten und weitstehenden Lamellen, den weißen, 1–2 mm dicken, zähen Rhizomorphen und dem Wachstum an oder bei morschem Holz.

Rehbrauner Dachpilz

Pluteus atricapillus

Eßbar

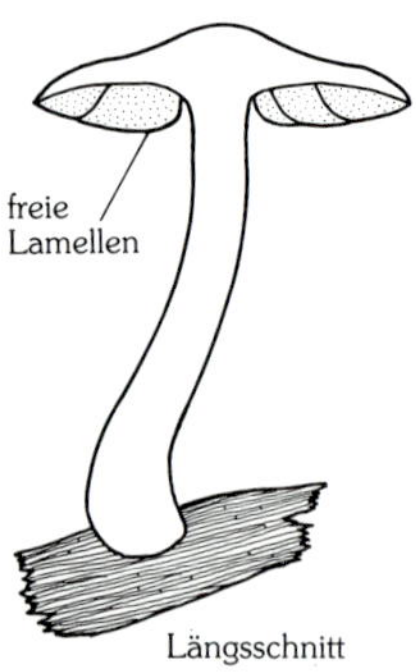

Gattungsmerkmale: Meist mittelgroße, an Holz wachsende Blätterpilze mit rötlichem Sporenstaub, freien Lamellen und zentralem, leicht vom Hut ablösbarem Stiel. **Kennzeichen:** Hut 6–12 cm breit; jung glokkig, später flach gewölbt, meist mit flachem Buckel; glatt; die braune Hutfarbe variiert sehr stark (gelbbraun, kastanienbraun, schwarzbraun u.a.), in der Mitte meist dunkler und eingewachsen faserig; Huthaut leicht abziehbar. Lamellen jung weiß, später fleischrötlich, gedrängt, sehr breit, frei (s. Grafik), vom Stiel durch eine deutliche Ringfurche getrennt. Sporenstaub fleischrosa. Stiel 5–10 cm hoch, bis 1,5 cm dick; schlank, meist zylindrisch, vollfleischig; weiß, mit dunkelbräunlichen Längsfasern. Fleisch weiß, weich. Erdiger Geruch, milder Geschmack. **Vorkommen:** Mai bis November, meist an Laubholzstümpfen; häufig; einzeln oder auch in mehreren Exemplaren auftretend. **Wert:** Eßbar und gut. **Verwechslungen:** Mit giftigen Arten kaum möglich. Der giftige Riesen-Rötling (s. S. 74 oben) besitzt zwar gleichfalls fleischrötliches Sporenpulver, wächst jedoch nicht an Holz und hat keine freien Lamellen.

Riesen-Rötling

Entoloma sinuatum

Giftig

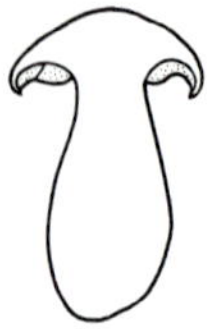

junger Fruchtkörper, Längsschnitt

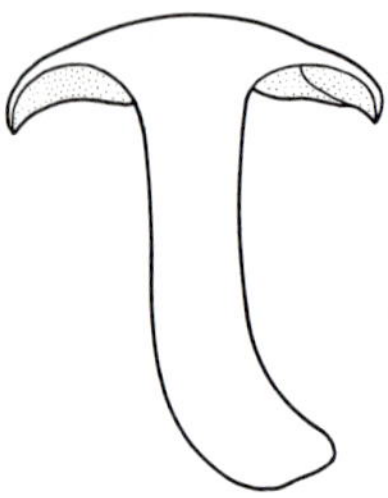

reifer Fruchtkörper, Längsschnitt

Gattungsmerkmale: Rötlinge *(Entoloma)* besitzen rosa Sporenpulver und eckige (polyedrische) Sporen. Über die Giftigkeit vieler Vertreter ist nichts bekannt. **Kennzeichen:** Hut 6–20 cm breit; jung gewölbt, mit eingerolltem Rand (s. Grafik), alt verflacht und wellig verbogen; gebuckelt; elfenbeinweiß, hellgraugelblich, lederockerlich, graubräunlich; radialfaserig, seidig glänzend; dickfleischig. Lamellen jung weißlich, dann gelblich, zuletzt fleischrosa; breit; am Stiel angewachsen bis ausgebuchtet (s. Grafik). Sporenstaub fleischrötlich. Stiel 6–14 cm lang, weißlich, faserig, glänzend; meist 2–3, aber auch bis 5 cm dick; zylindrisch bis keulenförmig. Fleisch weiß, im Stiel faserig. Mit deutlichem Mehlgeruch und angenehmem Mehlgeschmack. **Vorkommen:** Mai bis September, in Laub- und Mischwäldern. **Wert:** Giftig. Verursacht viele und ernsthafte Vergiftungen. **Verwechslungen:** Mehrere Rötlinge sind sehr leicht zu verwechseln und nur nach mikroskopischer Untersuchung sicher unterscheidbar. Vergiftungen durch den Riesen-Rötling kommen vor allem infolge Verwechslung mit Speisepilzen aus verschiedenen Gattungen zustande, die entweder in der Hut- oder Sporenfarbe, in der Gestalt oder im Standort Gemeinsamkeiten mit diesem Giftpilz aufweisen, wie z.B. Maipilz (s. S. 62 unten), Nebelkappe (s. S. 60 oben) und Mehl-Räsling *(Clitopilus prunulus)*.

Schild-Rötling

Entoloma clypeatum

Eßbar, roh giftig

Kennzeichen: Hut 4–10 cm breit; erst glockig, später flach ausgebreitet, wellig verbogen, gebuckelt; heller oder dunkler braun, graubraun, auch graugelblich; hygrophan: feucht dunkler als in trockenem Zustand; oft faserig gestreift, kahl und trocken, seidig glänzend. Lamellen jung weißlich-grau, später schmutzig rosa; Lamellenschneide unregelmäßig gekerbt; abgerundet bis angewachsen. Sporenpulver fleischrosa. Stiel 6–10, selten bis 15 cm lang; weißlich, bei Berührung gilbend; seidenglänzend, längsfaserig gestreift, häufig verbogen und gedreht. Fleisch weiß. Geruch und Geschmack schwach mehlartig. **Vorkommen:** Mai bis Juni, in Laubwäldern, an Waldrändern, in Gebüschen und Gärten; stets unter Rosengewächsen (Schlehe, Weißdorn, Kirsche, Eberesche usw.). **Wert:** Roh giftig. Gilt gut gekocht als eßbar und gut, kann aber leicht mit giftigen Arten verwechselt werden; deshalb sollten besonders Anfänger keinesfalls Rötlinge zu Speisezwecken verwenden. **Verwechslungen:** U.a. mit mehreren giftigen Rötlingen möglich (s. oben).

Fliegenpilz

Amanita muscaria

Giftig

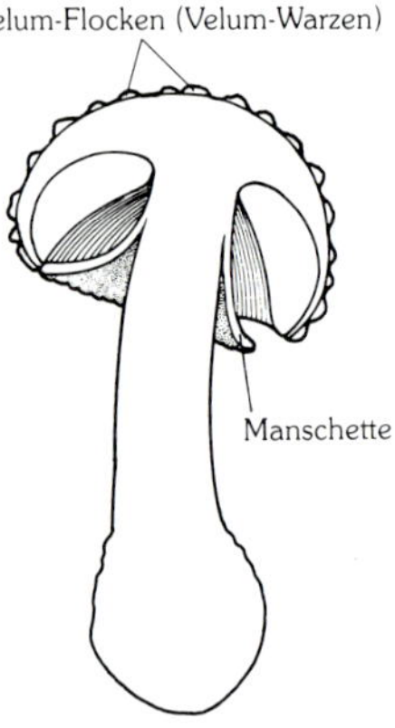

junger Fruchtkörper, Längsschnitt

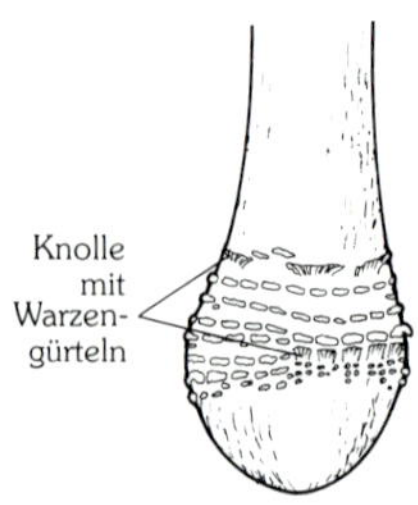

unterer Stielabschnitt eines ausgewachsenen Fruchtkörpers

Gattungsmerkmale: In Mitteleuropa unterscheidet man ca. 40 Arten, die zur Gattung Wulstlinge *(Amanita)* gehören, darunter nicht nur die bekanntesten, sondern auch die gefährlichsten Giftpilze. Deshalb sollte sich jeder Pilzsammler die Merkmale genauestens einprägen, an denen Vertreter dieser Gattung zu erkennen sind:

1) Junge Fruchtkörper sind stets vom Velum universale (s. auch S. 8/9) umhüllt, das später entweder als sackförmige Scheide oder Volva gänzlich an der Stielbasis erhalten bleibt oder aber nur teilweise in Form einzelner Flocken oder Warzengürtel; in letzterem Falle verbleibt das Velum universale zum überwiegenden Teil auf der sonst glatten Huthaut in Form von Flocken (Schuppen, Schollen, Warzen).
2) Mit Ausnahme der Scheidenstreiflinge besitzen die Wulstlinge einen hängenden Ring (Manschette), der aus dem Velum partiale (s. auch S. 8/9) hervorgeht.
3) Die Lamellen sind frei und weiß, allenfalls mit grünlichem Schein, selten gelb. Der Sporenstaub ist weiß.
4) Wulstlinge sind Bodenbewohner und Mykorrhizapartner vorwiegend von Laubbäumen.

Die Gattung enthält neben einigen tödlich giftigen Arten auch solche mit halluzinogener Wirkung und ebenso einige eßbare Vertreter.

Kennzeichen: Jung vollständig von weißem Velum universale umhüllt. Hut 8–20 cm breit; zunächst halbkugelig, dann flach ausgebreitet; leuchtend scharlach- oder orangerot, mit kleinen, weißen, leicht abwischbaren Warzen (s. Grafik); Rand schwach gerieft. Lamellen weiß, weich, gedrängt, frei. Sporenstaub weiß. Stiel oft bis 25 cm lang; schlank, weiß, am Grunde mit verdickter Knolle, die mehrere Warzengürtel (s. Grafik) erkennen läßt; Stiel mit schlaffem, hängendem Ring. Fleisch weiß, unter der Huthaut orange- bis zitronengelb durchgefärbt; weich. **Vorkommen:** August bis November, vorwiegend im Nadelwald bei Fichten und Birken, meist auf sauren Böden; überall verbreitet und häufig. **Wert:** Siehe Pantherpilz (S. 78 oben). **Verwechslungen:** Der gleichfalls giftige Königs-Fliegenpilz *(Amanita regalis)* hat bräunliche Hutfarben. Der südlich verbreitete, eßbare Kaiserling (*Amanita caesarea*) ist bei uns sehr selten; er hat eine weiße, lappige Scheide, der Hut ist orangefarben und glatt (ohne Velum-Warzen), Stiel und Lamellen sind gelb gefärbt. Für Boviste und Stäublinge gelten die diesbezüglichen Ausführungen bei *Amanita virosa* (s. S. 84 oben).

Pantherpilz

Amanita pantherina

Giftig

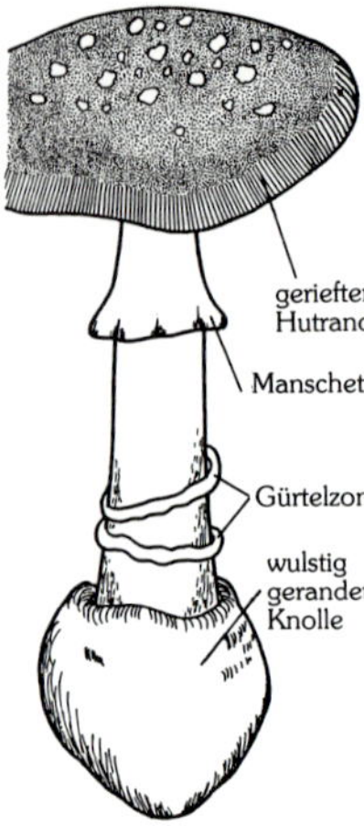

reifer Fruchtkörper

Kennzeichen: Hut 5–10 cm breit; jung halbkugelig, dann flach; dunkelbraun, graubraun, gelbbraun, mit vielen kleinen, leicht abwischbaren, weißen Flöckchen; Hutrand deutlich gerieft. Lamellen weiß, weich, gedrängt. Stiel bis 15 cm lang; schlank, weiß, feinflockig bis -faserig; Stielbasis knollig verdickt, oben mit meist deutlichem Ringwulst (der Stiel sieht dadurch aus wie eingepfropft), darüber eine oder mehrere Gürtelzonen (s. Grafik). Der häutige, weiße Ring ist nicht gerieft. Fleisch weiß, weich bis schwammig. Geruch dumpf rettichartig. **Vorkommen:** Juli bis Herbst, im Laub- und Nadelwald. **Wert:** Giftig. Einige der im Pantherpilz und in geringerer Dosierung auch im Fliegenpilz vorhandenen Giftstoffe beeinflussen das zentrale Nervensystem. Die Folgen sind individuell sehr verschieden; sie treten ca. ½ bis 2 Stunden nach der Pilzmahlzeit auf und äußern sich u.a. in Schwindelgefühl, Bewußtseins-, Orientierungs- und Gehstörungen, Rauschzuständen, Tobsuchtsanfällen, Halluzinationen, Bewußtlosigkeit und tiefem Schlaf. Todesfälle sind relativ selten. Verwendung als Rauschdroge. Durch Abziehen der Huthaut ist eine Entgiftung nicht möglich! **Verwechslungen:** Siehe *Amanita spissa* (unten).

Grauer Wulstling

Amanita spissa

Eßbar, roh giftig

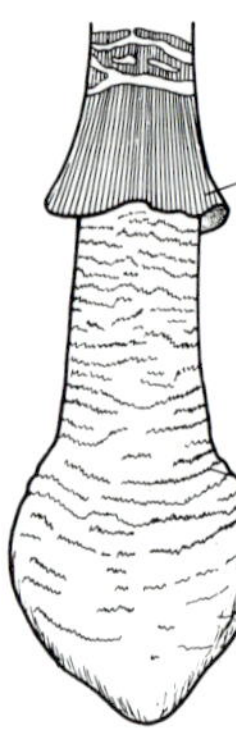

Kennzeichen: Hut 5–12 cm und mehr breit; jung halbkugelig, dann flach gewölbt; heller oder dunkler graubraun, mit grauweißlichen, leicht abwischbaren Flöckchen; Rand glatt, selten an alten Exemplaren schwach gerieft. Lamellen weiß, weich, untermischt. Stiel bis 15 cm lang, stämmig; jung weißlich, dann grau, unten auch mit graubraunen, flockigen Zonen; der Stiel ist keulig verdickt und geht in eine nicht scharf abgesetzte Stielknolle über, die oben oft nur undeutliche Schuppenkränze erkennen läßt; die Manschette zeigt eine deutliche Riefung (s. Grafik), die bis zur Stielspitze hinaufläuft. Fleisch weiß, kann bräunlich verfärben. Geruch fehlend oder schwach rettichartig; Geschmack süßlich, dann rübenartig: **Vorkommen:** Ende Mai bis Oktober, in allen Waldtypen; gebietsweise häufig. **Wert:** Eßbar, nicht sehr schmackhaft. Roh giftig. **Verwechslungen:** Folgende braunhütige, z.T. giftige Wulstlinge können untereinander verwechselt werden: Pantherpilz (s. oben); Grauer Wulstling; Königs-Fliegenpilz (s. S. 76); Perlpilz (s. S. 80 oben); Porphyrbrauner Wulstling *(Amanita porphyria)*, der eine graue Manschette besitzt. Daher ist vom Genuß aller Wulstlinge (Amanitaceae) dringend abzuraten.

Perlpilz

Amanita rubescens

Eßbar, roh giftig

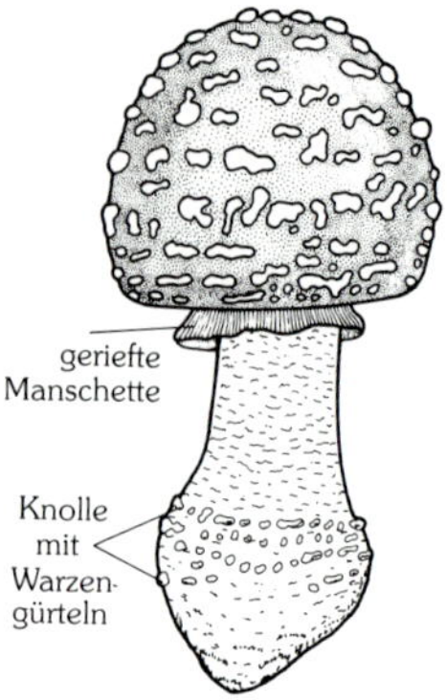

junger Fruchtkörper

Kennzeichen: Hut 6–15 (–20) cm breit; jung halbkugelig, dann gewölbt bis flach; Hutfarbe sehr variabel, meist fleischrötlich oder rosabräunlich, mit grauweißen oder rosabräunlichen, leicht abwischbaren, warzigen Hüllschuppen. Lamellen jung weiß, alt rötlich oder mit schmutzig rötlichen Flecken; weich, gedrängt. Stiel 8–15 cm lang; meist kräftig und keulig, geht allmählich in die bis 4 cm dicke, oben meist mit Warzengürteln besetzte Stielknolle über; weißlich bis hell rötlichbraun; die große, weiße Manschette ist auf der Oberseite gerieft (s. Grafik); die Rillen setzen sich aufwärts am Stiel fort; unterhalb ist der Stiel faserig-schuppig, auch genattert. Fleisch jung weiß und zart, unter der Huthaut rötlich bis rotbraun, bei Verletzung und im Alter rötlich verfärbend. **Vorkommen:** Juni bis Oktober/November, in Laub- und in Nadelwäldern; häufig. **Wert:** Wohlschmeckender Speisepilz; roh giftig bis unbekömmlich. Perlpilze sind häufig madig und sehr leicht verderblich; sie können dann schwere Verdauungsstörungen hervorrufen. Auch wegen der großen Verwechslungsgefahr sollten Anfänger keine Perlpilze verwenden. **Verwechslungen:** Siehe *Amanita spissa* (S. 78 unten).

Gelber Knollenblätterpilz

Amanita citrina

Schwach giftig

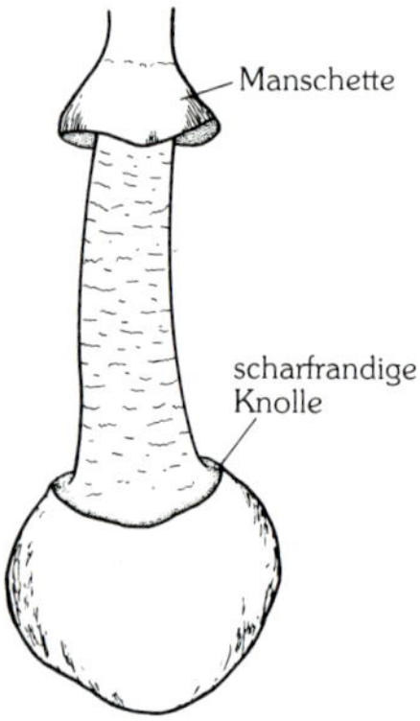

Kennzeichen: Hut 5–10 cm breit; zuerst halbkugelig, später flach ausgebreitet; blaß zitronengelb, auch gelbgrünlich, strohgelb oder weiß; mit hellbräunlichen, schollenförmigen Hüllresten bedeckt, die aber nach Regen fehlen können; Huthaut fettig glänzend; Rand nicht gerieft. Lamellen weißlich bis hellgelb, weich, gedrängt. Stiel 8–12 cm lang, sehr schlank; weißlich, gelblich; mit blaßgelbem, kaum gerieftem Ring (Manschette). Die Stielknolle ist meist recht dick, rundlich, schwammig weich und durch einen deutlichen, scharfrandigen Wulst vom Stiel abgegrenzt (s. Grafik); die Volva zerbröckelt sehr leicht und bleibt meist im Boden stecken. Fleisch weiß, zart. Riecht und schmeckt nach rohen Kartoffeln bzw. Rüben. **Vorkommen:** Juli bis Oktober, in Laub- und Nadelwäldern; häufig. **Wert:** Roh giftig. In älteren Pilzbüchern wird die Art noch als eßbar beschrieben. Gewisse Inhaltsstoffe begründen jedoch den Verdacht, daß der Genuß nicht unbedenklich ist. **Verwechslungen:** Durch Hüllreste, scharf gerandete Knolle und Geruch gut von den tödlich giftigen Knollenblätterpilzen zu unterscheiden. Der Narzissengelbe Wulstling *(Amanita gemmata)* ist ähnlich, hat jedoch einen deutlich gerieften Hutrand und ockergelbe Hutfarbe. Er ist gleichfalls schwach giftig.

Grüner Knollenblätterpilz

Amanita phalloides

Tödlich giftig

junger Fruchtkörper, Längsschnitt

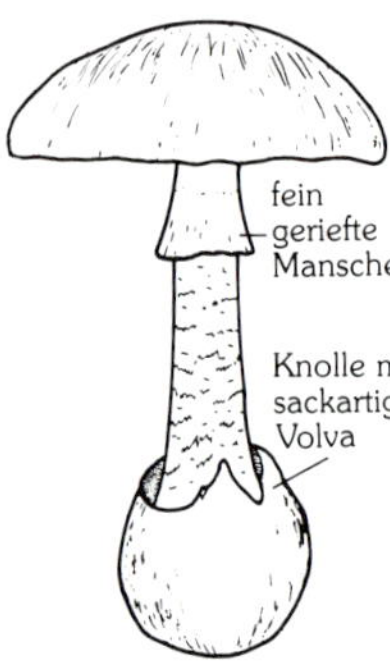

reifer Fruchtkörper

Kennzeichen: Jugendstadium – wie bei allen Wulstlingen – von einer weißen, häutigen Hülle (Velum universale) vollständig umschlossen (s. auch S.76). Hut 5–15 cm breit; jung halbkugelig, dann flach gewölbt bis ausgebreitet; grünlich, heller oder dunkler olivgrün, oft bis fast weißlich ausblassend; Hutmitte oft olivbraun, Randbereiche heller; Oberhaut mit feinen, dunklen, radial verlaufenden Fasern; trocken, seidig glänzend, glatt; selten bleiben Fetzen des Velum universale auf dem Hut kleben; Rand glatt, nicht gerieft. Lamellen weiß, weich, untermischt, engstehend. Sporenpulver weiß. Stiel 8–15 cm lang, bis 2,5 cm dick; weißlich, hell gelbgrünlich genattert; mit heller, schlaff herabhängender Manschette. Das knollenartig verdickte Stielende steckt in einer weißlichen, sackartigen Volva (Scheide; s. Grafiken). Beim Abschneiden oder Herausdrehen des Pilzes aus dem Boden geht dieses wichtige Erkennungsmerkmal meist verloren. Fleisch weiß und zart, unter der Huthaut gelbgrünlich. Jung eigentümlich süßlich-honigartiger Geruch, später unangenehm; Geschmack mild, nußartig; auf eine Geschmacksprobe sollte man wegen der Giftigkeit unbedingt verzichten! **Vorkommen:** August bis Oktober, vorwiegend im Laubwald; häufig. **Wert:** Tödlich giftig (s. unten)! **Verwechslungen:** Siehe *Amanita virosa* (S.84 oben).

Anmerkungen: Vergiftungen durch den Grünen oder einen der weißhütigen Knollenblätterpilze sind deshalb besonders gefährlich, weil sie sich erst 6–24 (meist 8–12) Stunden nach der Pilzmahlzeit bemerkbar machen. Zu diesem Zeitpunkt befindet sich die aufgenommene Giftmenge (ein einziger Fruchtkörper enthält bereits die für einen erwachsenen Menschen tödliche Dosis) weitgehend in der Blutbahn. Ein wirksames Gegenmittel gegen die Knollenblätterpilzgifte (Amanitine und Phalloidine) gibt es bisher nicht. Die Beschwerden nach einer reinen Knollenblätterpilz-Vergiftung treten frühestens 6 Stunden nach der Mahlzeit auf (je größer die verzehrte Giftmenge, desto eher machen sich die ersten Symptome bemerkbar); sie äußern sich in Übelkeit, Bauchkoliken, starken, choleraartigen, wäßrigen, später blutigen Durchfällen, die letztlich zu schwersten Kreislaufschäden führen. Bei Verdacht auf eine derartige Vergiftung sollte der Patient sofort in eine Spezialklinik überwiesen werden. Etwa 25 bis 50 % der Knollenblätterpilz-Vergiftungen enden infolge einer irreversiblen Schädigung – vor allem der Leber – tödlich.

Spitzhütiger Knollenblätterpilz

Amanita virosa

Tödlich giftig

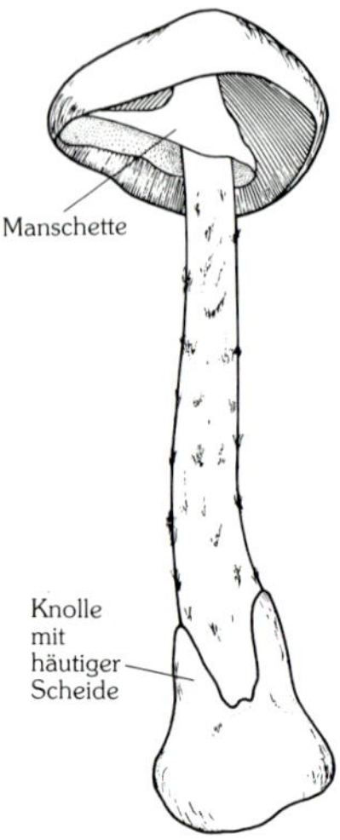

fast reifer Fruchtkörper

Kennzeichen: Zierlicher als der Grüne Knollenblätterpilz, aber sonst ähnlich. Hut 6–11 cm breit; jung eiförmig-glockig, später kegelig (Kegelhütiger Wulstling; s. Grafik); rein weiß; nach Regen schleimig-schmierig, trocken seidig glänzend, kahl und glatt. Lamellen weiß, untermischt. Stiel 12–20 cm lang; weiß, schlank; unter dem bald vergänglichen Ring weißflockig; Stielknolle mit häutiger, meist anliegender Scheide (s. Grafik). Fleisch weiß. Alt mit süßlich-unangenehmem Geruch. **Vorkommen:** Juli bis Oktober, meist in Gebirgsnadelwäldern; zerstreut, im Flachland selten. **Wert:** Wie bei *Amanita phalloides* (s. S. 82). **Verwechslungen:** Der weißhütige Frühlings-Knollenblätterpilz *(Amanita verna)* fruktifiziert ab Mai und ist vorwiegend südlich verbreitet. Gestaltlich gleicht er dem Grünen Knollenblätterpilz, der selbst oft ähnlich hellhütig ist. Alle 3 genannten Arten sind tödlich giftig. Bei Beachtung der typischen Kennzeichen (Scheide, Ring, Lamellenansatz, Geruch, Farbe des Hutes, der Lamellen und vor allem des Sporenpulvers) sind Verwechslungen mit Speisepilzen nicht möglich. Ähnliche Hutfarben besitzen grünliche Ritterlinge, Trichterlinge, Täublinge und Träuschlinge, weiße Champignon-Arten (s. S. 88 und 90 oben) und weiße Scheidlinge *(Volvariella)*. Letztere haben eine Volva, keine Manschette und rosa Sporenpulver. Boviste und Stäublinge unterscheiden sich von eiförmigen Jugendstadien der Knollenblätterpilze deutlich durch ihren inneren Aufbau. Auch Gelbe Knollenblätterpilze (s. S. 80 unten) sind oft weiß!

Orangebrauner Scheidenstreifling

Amanita crocea

Eßbar, roh giftig

Kennzeichen: Hut 6–12 cm breit; orange bis orangebraun; jung glockig, später flach ausgebreitet, mit kleinem Buckel; Huthaut glatt, kahl, glänzend, meist ohne Hüllreste; Hutrand von Jugend an stark gerieft. Lamellen weiß, gedrängt. Stiel 10–15 cm lang; schlank, oben deutlich dünner werdend; nicht beringt; hell orangefarben; jung flockig-wollig bis filzig-faserig, dann mit fleischfarbigen feinen Schüppchen, zuletzt genattert; hohl; Stielbasis mit großer, weißlappiger Scheide. Fleisch weiß, brüchig. **Vorkommen:** Vorwiegend im Sommer, in Nadel- und Laubwäldern. **Wert:** Eßbar und wohlschmeckend, jedoch roh giftig. **Verwechslungen:** Etliche verwandte Arten unterscheiden sich vorwiegend in Größe und Hutfarbe, sind gleichfalls eßbar, jedoch roh giftig. Die tödlich giftigen Knollenblätterpilze haben stets einen glatten Hutrand und einen Ring am Stiel, der an alten Exemplaren aber fehlen kann.

Riesen-Schirmling, Parasol

Macrolepiota procera

Eßbar, roh giftig

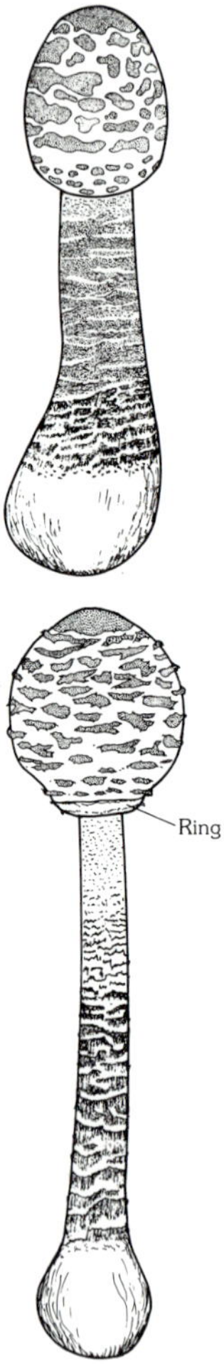

junge Fruchtkörper (»Paukenschlegel«)

Kennzeichen: Hut 10–30 cm breit; einer unserer größten Lamellenpilze; an jungen Exemplaren ist der Hut geschlossen und einem Paukenschlegel ähnlich (s. Grafiken), später unregelmäßig schirmartig gewölbt und zuletzt flach mit deutlichem Buckel. Die zunächst braune, rindenartige Huthaut zerreißt beim Aufschirmen in breite, abstehende Schuppen; in den breiten Rißstellen wird das weiße Fleisch sichtbar (s. Grafiken). In der Hutmitte bleibt die Haut glatt und braun. Lamellen weiß, weich, sehr breit, bauchig; frei, vom Stiel durch eine breite Ringzone getrennt. Sporenstaub weiß. Stiel 15–30 cm lang; schlank, steif, faserig-hohl, alt fast holzig hart; Stielbasis stark knollig; die dem Hut gleichfarbene braune Stielrinde zerreißt bei der Streckung in kleine Schuppen, die schließlich in ringartigen, gezackten Zonen am Stiel angeordnet sind und ihm ein genattertes Aussehen verleihen (s. Grafiken). Nach dem Aufschirmen verbleibt am oberen Stielabschnitt ein dicker, derbhäutiger, doppelt gerandeter Ring, der ursprünglich durch eine dünne Haut am Stiel befestigt ist. Da diese aber bald eintrocknet, löst sich der Ring und wird am Stiel frei verschiebbar. Er ist ein wichtiges Merkmal zur Identifizierung des Riesen-Schirmlings. Fleisch jung zart und saftig, alt im Hut weich, im Stiel sehr hart und zäh; auch im Alter weiß bleibend. Geruch angenehm; nußartiger Geschmack. **Vorkommen:** Juli bis November, in lichten Wäldern, auch in Gärten, Parks und auf waldnahen Wiesen; recht häufig. **Wert:** In jungem Zustand ein guter Speisepilz; alte Exemplare schmecken fade, ihre Stiele sind holzig-zäh. Besonders delikat schmecken die Hüte des Parasols, wenn sie unzerteilt, wie Schnitzel paniert gebacken oder gebraten werden. Es gibt vereinzelt Angaben über Unbekömmlichkeit nach Rohgenuß. **Verwechslungen:** Unter den verwandten Arten ähnlich ist der Safran-Schirmling *(Macrolepiota rhacodes)*, dessen Fleisch bei Verletzung safranrot anläuft. Auch diese Art gilt als eßbar (roh giftig); eine in Gärten, auf Kompost und in Parkanlagen auftretende Form *(M. rhacodes* var. *hortensis)* hat jedoch verschiedentlich Vergiftungen hervorgerufen. Ansonsten ist unter den Riesen-Schirmlingen bisher nur noch eine giftige Art bekannt geworden, der sog. Große Gift-Schirmling *(Macrolepiota venenata)*. Darüber hinaus gibt es noch einige, z. T. sehr giftige Arten unter kleineren Schirmlingen, die zur Gattung *Lepiota* gehören; diese haben jedoch niemals einen verschiebbaren (beweglichen) Ring am Stiel.

Dünnfleischiger Anis-Egerling

Agaricus silvicola

Eßbar

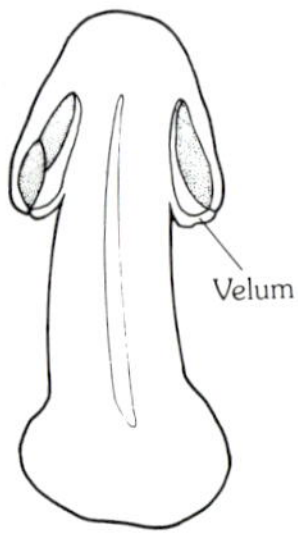

junger Fruchtkörper, Längsschnitt

Gattungsmerkmale: Einige der ca. 50 mitteleuropäischen Champignon-Arten (Gattung *Agaricus*) werden des öfteren mit tödlich giftigen Knollenblätterpilzen verwechselt. Die Hutfarbe bei Egerlingen ist weiß bis braun; Lamellen jung weißlich, rosa, auch graurosa, alt dunkel schokoladenbraun (bei Knollenblätterpilzen auch alt weißlich); frei. Stiel mit hängendem oder aufsteigendem Ring. Die oft knollenartig verdickte Stielbasis besitzt niemals eine sackförmige Scheide (vgl. S. 76). Sporenpulver purpurbraun (bei Knollenblätterpilzen weiß). **Kennzeichen:** Hut 5–8 (–12) cm breit; jung länglich-eiförmig, später flach gewölbt; dünnfleischig; jung weiß bis cremefarben, bei Berührung gelbfleckend, seidig glänzend, glatt. Lamellen grauweißlich bis cremefarben, nach dem Aufschirmen graurosa, zuletzt schokoladenbraun; engstehend und schmal, frei. Stiel 6–10 (–12) cm lang, 1–2 cm dick, schlank; knollig (s. Grafik); weiß, gilbend; glatt; Ring hängend, meist einfach. Fleisch weißlich, im Stiel alt braun bis schwarzbraun. Angenehmer Geruch nach Anis oder Mandeln; milder Geschmack. **Vorkommen:** August bis Oktober, in Laub- und Nadelwäldern; meist gesellig. **Wert:** Guter Speisepilz. **Verwechslungen:** Lebensgefährlich sind Verwechslungen mit einem der weißhütigen und dem Grünen Knollenblätterpilz (S. 82 und 84 oben); besonders letzterer wächst – ebenso wie der giftige Karbol-Egerling (s. unten) – oft in unmittelbarer Nähe. Auch mit Ziegelrotem Rißpilz und Riesen-Rötling (vgl. dazu S. 90 oben) zu verwechseln.

Karbol-Egerling

Agaricus xanthodermus

Giftig

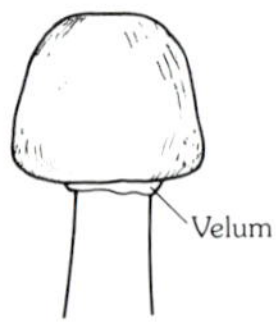

junger Fruchtkörper

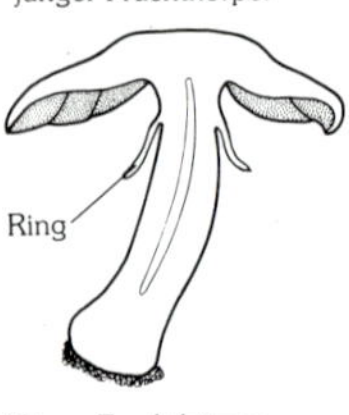

älterer Fruchtkörper, Längsschnitt

Kennzeichen: Hut 5–14 cm breit; halbkugelig, dann ausgebreitet (s. Grafiken); kalkweiß, nicht sehr fleischig; glatt. Lamellen jung zunächst blaß, dann leuchtend rosa, zuletzt schokoladenbraun. Stiel 5–12 cm lang, 1–2 cm dick; weiß; knollig, oberhalb zylindrisch; alt hohl; Ring hängend, dick, auch doppelt, unterseits schuppig. Fleisch weiß, beim Anschneiden – besonders in der Stielbasis – stark chromgelb anlaufend; Gelbfärbung wird durch Schaben intensiviert. Geschmack mild; Geruch unangenehm karbol- bis tintenartig, beim Kochen widerwärtig, manchmal nur schwach ausgeprägt. **Vorkommen:** Mai bis Oktober, in Wäldern, Gärten, Parkanlagen, auf Wiesen und Komposthaufen. **Wert:** Kann schwere Vergiftungen hervorrufen (Weißer Gift-Champignon). **Verwechslungen:** Gut kenntlich am Geruch und dem besonders in der Stielbasis chromgelb verfärbenden Fleisch (s. auch S. 90 unten).

Wiesen-Champignon, Feld-Egerling

Agaricus campester

Eßbar

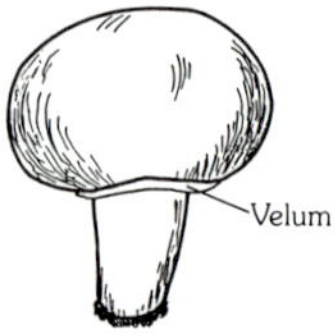

junger Fruchtkörper

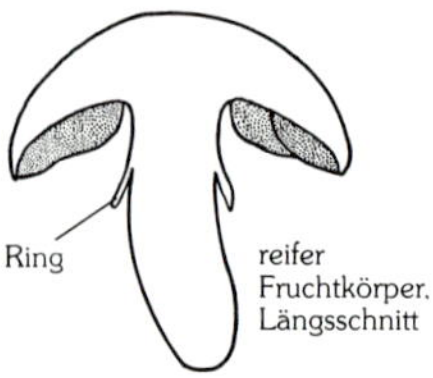

Kennzeichen: Hut 3–10 cm breit; jung halbkugelig, dann gewölbt (s. Grafiken), schließlich verflacht; weiß, alt etwas bräunlich; schuppig oder glatt, auch faserig-seidig; dickfleischig. Lamellen jung rosa, alt sehr dunkel schokoladenbraun; engstehend, frei. Stiel 5–8 cm lang, bis 2 cm dick; weißlich, glatt, seidenglänzend; Ring hängend, nach oben abziehbar, vergänglich, schmal, unterseits etwas schuppig. Fleisch weiß, beim Durchschneiden manchmal schwach rötlich anlaufend. Geruch und Geschmack angenehm. **Vorkommen:** Juli bis Oktober, meist auf Weiden, Wiesen und Feldern. **Wert:** Ein sehr guter und wohlschmeckender Speisepilz. **Verwechslungen:** Es sind zahlreiche Formen bzw. Varietäten bekannt. Die tödlich giftigen Knollenblätterpilze besitzen stets weißes Sporenpulver sowie eine sackförmige Scheide (vgl. S. 76) und meist auch einen anderen Standort. Der gleichfalls sehr giftige Ziegelrote Rißpilz (s. S. 102 unten) wirft ein bräunliches Sporenpulver ab und besitzt keinen Ring. Dieser fehlt auch dem giftigen Riesen-Rötling (s. S. 74 oben); er ist außerdem aufgrund seines fleischrötlichen Sporenstaubes von Egerlingen gut zu unterscheiden.

Wald-Champignon

Agaricus silvaticus

Eßbar

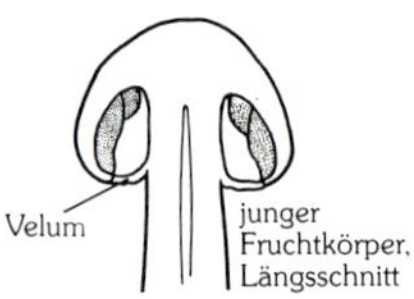

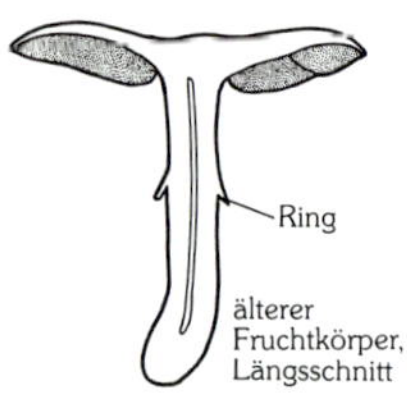

Kennzeichen: Hut 5–10 cm breit; zimt- bis dunkelbräunlich, faserschuppig oder mit dunkelrotbräunlichen Schuppen auf blassem Grund; jung glockig gewölbt, später flach ausgebreitet (s. Grafiken). Lamellen graurötlich, dann schokoladenbraun; gedrängt. Stiel weißlich, meist kahl; schlank und dünn, länger als der Hut an Breite mißt; keulig verdickt oder mit knolliger Basis; Ring hängend; Ringunterseite meist weiß. Fleisch weiß, beim Anschneiden sofort stark rötend (Kleiner Blut-Egerling, Wald-Egerling). **Vorkommen:** Juli bis Oktober, im Laub- und Nadelwald. **Wert:** Eßbar. **Verwechslungen:** Gewarnt werden muß vor Verwechslungen mit giftigen, braunhütigen bis braunschuppigen Champignon-Arten. Zur gleichen Gruppe wie der Karbol-Egerling gehören weitere teils weißhütige Arten mit glatter Huthaut, teils braunhütige/braunschuppige Champignons, die gleichfalls giftig bzw. giftverdächtig sind; zu erwähnen ist vor allem der giftige Perlhuhn-Egerling *(Agaricus placomyces)* mit seinen Varietäten. Zum Unterschied von eßbaren Arten verfärbt sich auch bei ihnen – ebenso wie beim Karbol-Egerling (s. S. 88 unten) – das Fleisch der Stielbasis beim Schaben sofort chromgelb; die braunschuppigen Arten haben im Alter oft einen schwächeren Geruch.

Schopf-Tintling

Coprinus comatus

Jung eßbar

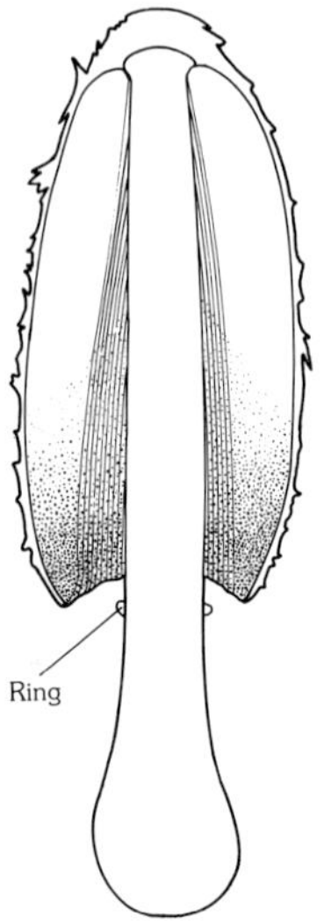

jüngerer Fruchtkörper mit beginnender Schwarzfärbung der Lamellen, Längsschnitt

Gattungsmerkmale: Charakteristisch für Tintlinge *(Coprinus)* ist ein schwarzbraunes bis schwarzes Sporenpulver; bei vielen Arten zerfließen im Reifezustand die Lamellen und oft auch der ganze Hut zu einem tintenartigen Brei. **Kennzeichen:** Hut 6–13 cm hoch, 3–6 cm breit; fast zylindrisch, zuletzt vom Rande her etwas aufrollend und zerfließend; weiß, jung filzig-schuppig, mit glattem, bräunlichem Scheitel. Die Oberhaut reißt bald in sparrig abstehende weißlich-bräunliche Schuppen auf. Anfangs ist ein Velum vorhanden, das nach dem Abreißen des Hutrandes einen schmalen, weißen Ring am Stiel hinterläßt. Lamellen jung rein weiß, dünn, sehr gedrängt stehend; frei; am Hutrand beginnend färben sich die Lamellen langsam rosa, dann bräunlich (s. Grafik), schließlich schwarz; zuletzt werden die Lamellen mitsamt dem Hut aufgelöst und eine durch die Sporenmasse tintenartig schwarz gefärbte Flüssigkeit tropft langsam zu Boden. Stiel 10–20 (und mehr) cm lang, 1–2 cm dick; weiß, sehr schlank; feinfaserig; jung voll, später hohl; mit meist schwach knollig verdickter Stielbasis. Der schmale Ring ist dauerhaft und frei beweglich. Wegen des langen, schlanken, weißen Stiels trägt dieser Tintling auch den Namen Spargelpilz. Fleisch weiß und weich, sehr dünn. Geruch und Geschmack angenehm. **Vorkommen:** Mai bis November, auf Rasenflächen, in Gärten, in Laubwäldern oft neben Waldwegen; überall verbreitet und sehr häufig. **Wert:** Nur eßbar, solange die Lamellen noch rein weiß sind. Er verdirbt außerordentlich schnell und muß daher sofort zubereitet werden. Er ist dann ein sehr guter Speisepilz, geschmacklich dem Champignon ähnlich. Da die Pilze nach dem Einsammeln ihre Entwicklung nicht einstellen, sind die Lamellen oft bereits nach einigen Stunden des Transportes nicht mehr weiß, sondern bereits schwärzlich gefärbt; der Pilz ist dann nicht mehr genießbar. **Verwechslungen:** Der meist in Buchenwäldern wachsende Specht-Tintling *(Coprinus picaceus)* besitzt einen gesprenkelten Hut, der auf sehr dunklem Grund weißliche, eng anliegende Schuppen trägt. Er gilt als eßbar. Obwohl der Schopf-Tintling sich durch Hutform und -beschaffenheit vom Grauen Falten-Tintling (s. S. 94 oben) deutlich unterscheidet, sind schon Verwechslungen vorgekommen. Weitere graue, ungenießbare Tintlinge findet man auf Mist oder Komposthaufen; sie sind in der Regel deutlich kleiner.

Grauer Falten-Tintling

Coprinus atramentarius

Abzuraten; bei Alkoholgenuß giftig

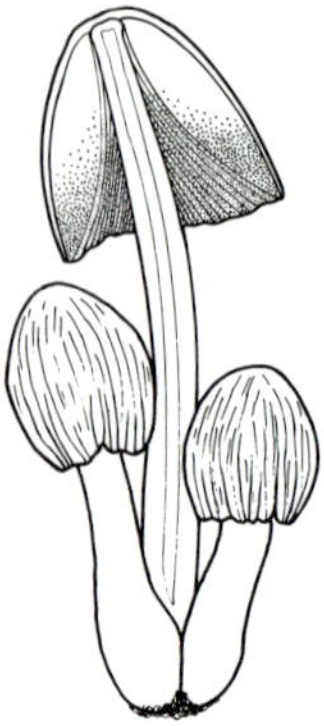

jüngere Fruchtkörper, mittlerer im Längsschnitt mit beginnender Schwarzfärbung der Lamellen

Kennzeichen: Hut 4–10 cm breit, jung eiförmig, dann glockig, mit mehr oder weniger tiefen Längsfalten (s. Grafik); alt kegelförmig ausgebreitet; Rand oft zerschlitzt; dünnfleischig; aschgrau bis graubräunlich, jung dicht mit kleinen, leicht abwischbaren Schüppchen besetzt; später fast kahl. Lamellen jung weißlichgrau, dann graubräunlich, zuletzt schwarz; bauchig, engstehend, frei. Blätter und Hutfleisch verwandeln sich langsam in eine schwarze, schmierige Masse. Stiel 6–15 cm lang, bis 1,5 cm dick; weiß, glatt; später hohl; faserig; ohne Ring, aber an der Stielbasis mit einer ringförmigen, knotigen Verdickung. Fleisch weiß, dünn. **Vorkommen:** Mai bis November, in Gärten, Laubwäldern, auf Schuttplätzen und an Wegrändern; fast immer büschelig auftretend; sehr häufig. **Wert:** Galt bisher als in jungem Zustand (mit noch weißlichen Lamellen) eßbar und nur in Verbindung mit Alkohol als stark giftig. Vergiftungen können selbst dann auftreten, wenn der Alkohol bis zu 1 Tag vor und 3 Tage nach der Pilzmahlzeit konsumiert wird. In letzter Zeit wird auch über seltene Vergiftungserscheinungen berichtet, die durch Kaffeegenuß im Anschluß an eine Mahlzeit des Grauen Falten-Tintlings hervorgerufen wurden. Nicht zuletzt aus diesem Grunde ist vom Genuß dieses Pilzes abzuraten. **Verwechslungen:** Kann mit mehreren, z.T. giftigen bzw. giftverdächtigen Tintlingen verwechselt werden, wie etwa dem meist einzeln bei Laubbäumen wachsenden Rauhsporigen Tintling *(Coprinus alopecia)*, der einen jung silbrig behaarten Hut besitzt (vgl. auch S. 92).

Zarter Saumpilz

Psathyrella candolleana

Eßbar

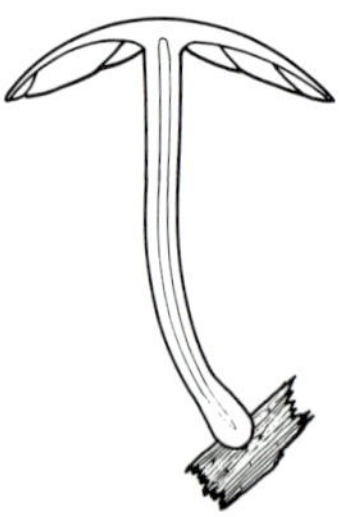

Längsschnitt

Kennzeichen: Hut 2–6 cm breit; jung kugelig, später glockig-gewölbt; holzgelblich, tonfarben, später weißlich; Hutmitte blaß ockergelblich; feucht gelbbräunlich; meist mit radial verlaufenden Runzeln; Hutrand jung mit weißen Resten des zarten Schleiers behangen, der ursprünglich zwischen Stiel und Rand ausgespannt ist. Lamellen jung weißlich, später schmutzig graurosa, dann purpurlila und zuletzt dunkelbraun. Sporenstaub schokoladenbraun. Stiel ca. 4–8 cm lang; weiß, dünn; etwas faserig; röhrenförmig (s. Grafik) und leicht zerbrechend. Fleisch weiß, leicht zerbrechlich. Milder Geschmack. **Vorkommen:** Mai bis September, büschelig oder in Gruppen bei oder an morschem Laubholz wachsend; häufig. **Wert:** Eßbar; gut als Suppenpilz geeignet. **Verwechslungen:** Sind bei Beachtung der beschriebenen Merkmale kaum möglich.

Weißstieliges Stockschwämmchen

Psathyrella hydrophila

Eßbar

Fruchtkörper, rechts im Längsschnitt

Kennzeichen: Hut 2–5 cm breit; jung halbkugelig, später gewölbt; dünnfleischig, leicht zerbrechlich; glatt, hygrophan: in feuchtem Zustand dunkelbraun, trocken gelbbraun bis olivbraun, sehr oft sind beide Zonen gleichzeitig erkennbar (vgl. auch Stockschwämmchen, S. 100 unten); Hutrand durchscheinend gerieft; Reste des weißlichen Schleiers sind oft noch als zarter, häutiger Saum am Hutrand zu erkennen. Lamellen jung weißlich bis blaßbräunlich, dann allmählich dunkler werdend, zuletzt schokoladenbraun; gedrängt, am Stiel breit angewachsen. Sporenpulver umbrabraun. Stiel 4–6 cm lang; dünn, leicht brechend, häufig verbogen; weißlich, seidenglänzend, an der Basis dunkler; hohl. Fleisch trocken hellbräunlich, feucht graubräunlich. Geschmack mild. **Vorkommen:** September bis November, vorwiegend an morschen Laubholzstümpfen; stets in Büscheln (s. Grafik) mit zahlreichen Exemplaren; recht häufig. **Wert:** Eßbar, aber nicht immer bekömmlich; verwendbar als Suppenpilz. **Verwechslungen:** Sind mit mehreren büschelig an Holz wachsenden, gelb- bis braunhütigen Arten denkbar. Zu achten ist besonders auf den giftigen Grünblättrigen Schwefelkopf (s. S. 100 oben).

Grünspan-Träuschling

Stropharia aeruginosa

Eßbar

Kennzeichen: Hut 3–7 cm breit; zunächst glockig, dann flach ausgebreitet, alt auch mit hochgebogenem Rand; dünnfleischig; jung und bei feuchtem Wetter dick mit span- bis blaugrünem, klebrigem Schleim bedeckt, in den weiße, vergängliche Schüppchen eingebettet sind; Rand jung weißflockig; nach dem Eintrocknen der Schleimschicht ist die Huthaut glänzend, kahl, okkergelblich und nur noch am Rande mit weißen, flokkenartigen Resten des Schleiers besetzt; die zähe Oberhaut ist leicht abziehbar. Lamellen jung blaßgraulich, dann rötlichgrau und schließlich purpurbraun; breit, engstehend, breit angewachsen. Sporenpulver dunkel violettgraubraun. Stiel 5–8 cm lang, bis 1 cm dick; blaß blaugrünlich; unterhalb des ursprünglich weißen, häutigen Ringes ist der Stiel flockig-schuppig; der abstehende Ring ist später auf der Oberseite durch das Sporenpulver violettbraun gefärbt. Fleisch weich, grünlichweißlich. **Vorkommen:** August bis November, im Laub- und Nadelwald, auch in freiem Gelände; recht häufig. **Wert:** Eßbar (Huthaut abziehen!). **Verwechslungen:** *Stropharia cyanea* ist ähnlich, kleiner und gilt gleichfalls als eßbar. Der tödlich giftige Grüne Knollenblätterpilz (s. S. 82) besitzt weißes Sporenpulver.

Rauchblättriger Schwefelkopf

Hypholoma capnoides

Eßbar

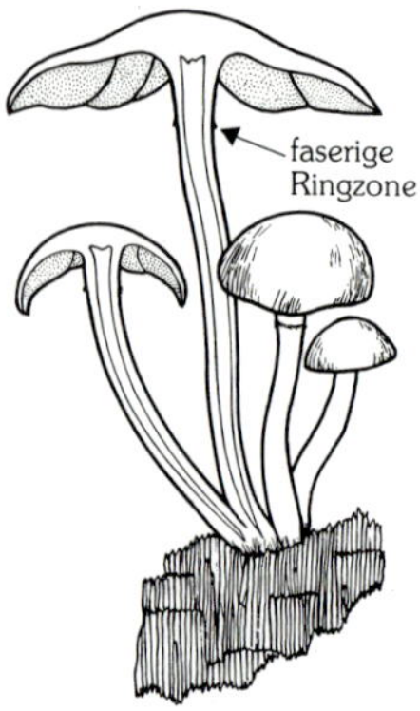

Fruchtkörper, links im Längsschnitt

Gattungsmerkmale: Die häufigsten Schwefelköpfe *(Hypholoma)* wachsen büschelig an morschem Holz; jung mit faserig-häutigem, schnell vergänglichem Schleier; Hüte nicht hygrophan; Sporenpulver grau-, braun-, schwarzviolett, grau- bis umbrabraun. **Kennzeichen:** Hut 3–7 cm breit; jung gewölbt, später flach ausgebreitet; oft mit stumpfem Buckel; gelbbraun bis orangebräunlich, honiggelb, in der Hutmitte oft dunkler rötlich-bräunlich; Randbereich jung mit weißlichen Schleierresten. Blätter jung blaßgelblich, dann grau, rauchgrau, alt grauviolett. Stiel 5–8 cm lang; schlank, gleichmäßig dick, stets hohl, häufig gekrümmt, manchmal mit dunkler, faseriger Ringzone (s. Grafik); Stielspitze weißlichgelb, unten dunkler, rostbräunlich. Fleisch hellgelb, im Stiel rostbräunlich. Angenehmer Geruch, milder Geschmack. **Vorkommen:** September bis November, auch im Frühjahr; büschelig (s. Grafik) meist an Nadelholzstümpfen; nicht selten. **Wert:** Recht guter Speisepilz. **Verwechslungen:** Durch die stets irgendwie graue Lamellenfarbe (ohne grüne Töne), den milden Geschmack, Größe und Hutfarbe recht gut von den ebenfalls büschelig wachsenden Schwefelköpfen (s. unten und S. 100 oben) zu unterscheiden. Kann auch mit dem Gift-Häubling (s. S. 108 oben) verwechselt werden.

Ziegelroter Schwefelkopf

Hypholoma sublateritium

Giftig

Kennzeichen: Hut 5–12 cm breit; mehr oder weniger flach gewölbt; dickfleischig; ziegelrot, fuchsig, gelbrot, in der Hutmitte auch mit rötlichbraunen Flecken; Rand meist heller gelblich und jung mit weißlich-gelblichen, bald vergänglichen Schleierresten. Lamellen jung gelblich, dann gelbbraun, später schwarzoliv; gedrängt; ausgebuchtet angewachsen. Sporenstaub oliv-purpurbraun. Stiel 6–12 cm lang; gleichmäßig dick, oft gekrümmt; faserig; oben gelblich, nach unten rotbräunlich, mit faseriger Ringzone, die durch den Sporenstaub schwärzlich gefärbt ist. Fleisch weißlich-gelblich. Meist mit mehr oder weniger bitterem Geschmack. **Vorkommen:** Vorwiegend August bis November, aber auch außerhalb dieser Zeit; an totem Laubholz in meist großen Büscheln mit vielen Exemplaren; häufig. **Wert:** Schwach giftig. Auch vom Verzehr milder schmeckender Exemplare, die nach Abbrühen und Weggießen des Kochwassers eßbar sein sollen, ist abzuraten. **Verwechslungen:** Ausgewachsene, typische Exemplare sind aufgrund ihrer Größe und Färbung gut vom eßbaren Rauchblättrigen (s. o.) und dem stark giftigen Grünblättrigen Schwefelkopf (s. S. 100 oben) unterscheidbar.

Grünblättriger Schwefelkopf

Hypholoma fasciculare

Giftig

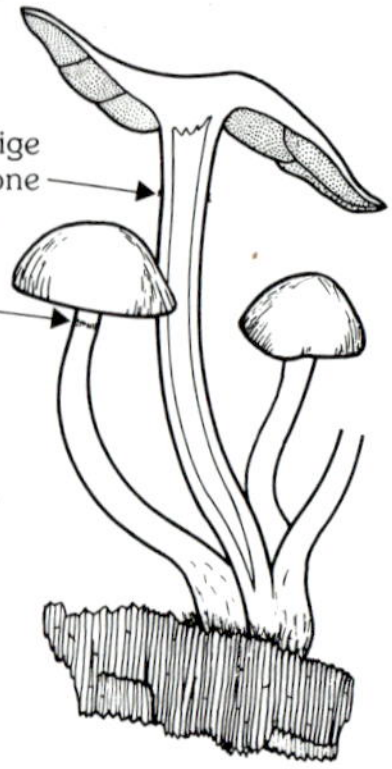

Fruchtkörper, mittlerer im Längsschnitt

Kennzeichen: Hut 3–5 (–7) cm breit; jung geschlossen, dann gewölbt, später ausgebreitet; grünlich bis schwefelgelb, häufig in der Hutmitte fuchsig; oft gebukkelt; Reste des gelben, häutig-faserigen Velums sind später oft am Hutrand zu erkennen; dünnfleischig. Lamellen jung schwefelgelb, dann gelbgrün, schließlich grünbraun; dünn und sehr engstehend; ausgebuchtet angewachsen, untermischt. Sporenstaub schokoladenbraun. Stiel 5–10 cm lang, ca. 0,5 cm dick; gelb, mit faseriger, durch die Sporen schwärzlich gefärbter Ringzone (s. Grafik); im unteren Teil meist rostbräunlich; glatt, schlank, oft verbogen; röhrig. Fleisch gelb, im Stiel bräunlich. Geschmack bitter. **Vorkommen:** Der büschelig wachsende Pilz ist bei milder Witterung fast das ganze Jahr über zu finden; vorwiegend an Laub-, aber auch an Nadelholzstümpfen; überall ausgesprochen häufig. **Wert:** Giftig; Todesfälle sind nicht auszuschließen! **Verwechslungen:** Wird manchmal anstelle der auf S. 98 beschriebenen Schwefelköpfe bzw. des Stockschwämmchens (s. unten) gesammelt, was bei Beachtung aller Erkennungsmerkmale nicht geschehen sollte.

Stockschwämmchen

Kuehneromyces mutabilis

Eßbar

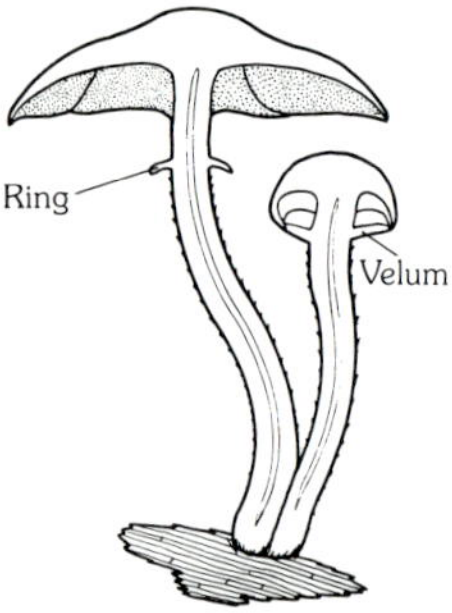

Längsschnitt

Kennzeichen: Hut 3–6 (–10) cm breit; erst gewölbt, dann flach ausgebreitet, oft mit Buckel; glatt, fettig glänzend; stark hygrophan, d.h. die Hutfarbe ändert sich mit dem Wassergehalt des Hutes: Honiggelb-gelbbräunlich, fast immer mit durchwässerter und dadurch dunklerer Randzone; die Hüte beginnen von der Mitte aus zu trocknen. Lamellen jung hellbräunlich, später dunkler rostbraun; engstehend, dünn, angewachsen und oft etwas herablaufend. Sporenpulver rotbraun. Stiel 5–8 cm lang; recht dünn und oft verbogen; mit braunem, häutigem, allmählich verschwindendem Ring; über dem Ring hellbräunlich, glatt bis schwach gerieft, unterhalb mit kleinen, abstehenden Schuppen (s. Grafik) bedeckt; rostbräunlich, an der Basis fast schwarzbraun. Fleisch blaßbräunlich, im Stiel dunkler. Geruch angenehm würzig, milder Geschmack. **Vorkommen:** April bis November, wächst in meist individuenreichen Büscheln vorwiegend an Stümpfen verschiedener Laubbäume; in Laubwäldern sehr häufig. **Wert:** Ein guter, vielseitig verwendbarer Speisepilz. Die Stiele sind weitgehend ungenießbar. Läßt sich auf Holz züchten. **Verwechslungen:** Gefährlich sind Verwechslungen mit dem giftigen Grünblättrigen Schwefelkopf (s. oben) und dem sehr giftigen Nadelholz-Häubling (s. S. 108 oben).

Goldfell-Schüppling

Pholiota aurivella

Minderwertig

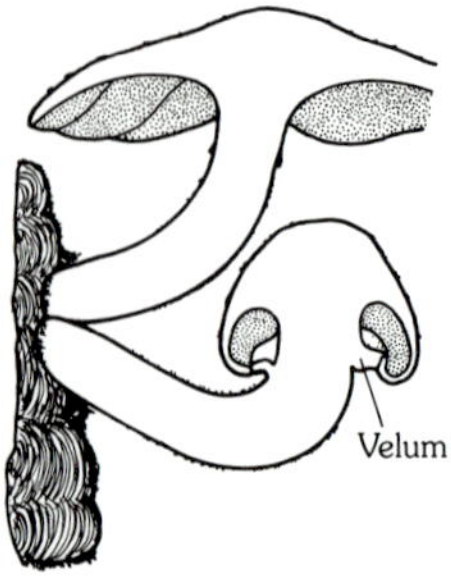

Längsschnitt

Kennzeichen: Hut 5–10 (–12) cm breit; zunächst glockig, später gewölbt (s. Grafik); dunkelgelb, rostgelb, goldgelb, mit dunkleren Schuppen, die bei Regen stark aufquellen; in feuchtem Zustand klebrig-schmierig; glänzend; Rand lange eingerollt bleibend und jung mit Resten des gelblichen Schleiers behangen. Lamellen zunächst gelb, später olivbraun bis rostbraun, gedrängt. Sporenpulver rostbraun. Stiel 5–8 cm lang, bis 1,5 cm dick; gelblich, von unten her allmählich bräunlich; faserig-flockig, trocken. Fleisch blaßgelblich, in der Stielbasis rotbräunlich und hart. **Vorkommen:** April bis November, büschelig an lebendem und totem Laubholz. **Wert:** Eßbar, aber nicht empfehlenswert. **Verwechslungen:** Mehrere verwandte Arten sowie der Hallimasch (s. S. 66) können infolge büscheligen Wachstums und schuppigen Hutes mit dem Goldfell-Schüppling verwechselt werden; diese Arten sind z. T. roh giftig oder geringwertig bis ungenießbar.

Ziegelroter Rißpilz

Inocybe patouillardii

Giftig

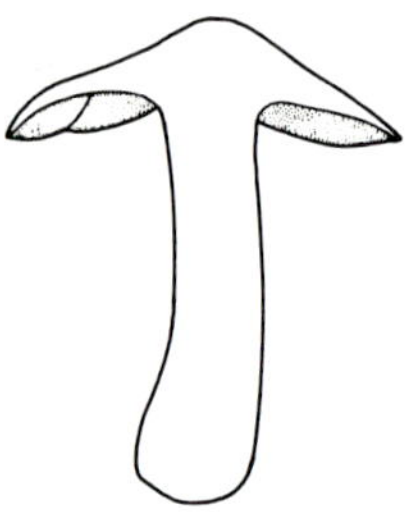

Längsschnitt

Gattungsmerkmale: Die zahlreichen Rißpilz-Arten sind nur mikroskopisch genau unterscheidbar. Sehr viele Vertreter sind giftig. **Kennzeichen:** Hut 3–8 cm breit; jung kegelig-glockig, dann flach ausgebreitet, mit stumpfem Buckel (s. Grafik); alte Exemplare sind am Rand oft tief eingerissen und verbogen; faserig-seidig; zunächst weiß, dann cremefarben, zuletzt ockerbräunlich und stellenweise ziegelrot anlaufend; nach längerem Liegen auch völlig ziegelrot. Lamellen jung weiß, dann graugelblich, später schmutzig braun, erdbraun, zuletzt olivbraun; gedrängt; jung angeheftet, alt frei. Sporenpulver ockerbraun. Stiel 4–7 cm lang und 0,5–1,5 cm dick; weiß, an der Spitze weiß bemehlt, später rötend; faserig, vollfleischig, an der Basis auch knollig. Fleisch weiß, an Druckstellen leicht rötlich verfärbend. Im Alter süßlich spirituös (wie faulendes Obst) riechend; Geschmack zunächst mild, alt widerlich, ebenso wie der Geruch. **Vorkommen:** Mai bis Juli, in Laub- und Nadelwäldern an lichten Stellen, an Weg- und Straßenrändern, in Parkanlagen, Gebüschen, auch in Gärten; gesellig, nicht sehr häufig. **Wert:** Aufgrund seines sehr hohen Muskarin-Gehaltes (20mal mehr als der Fliegenpilz) unter Umständen tödlich giftig. **Verwechslungen:** Unachtsame Pilzsammler können ihn mit einem Champignon (s. S. 88, 90), dem Mai-Ritterling (s. S. 62 unten), dem Nelken-Schwindling (s. S. 70 oben) und anderen mehr verwechseln.

Tonblasser Fälbling

Hebeloma crustuliniforme

Giftig

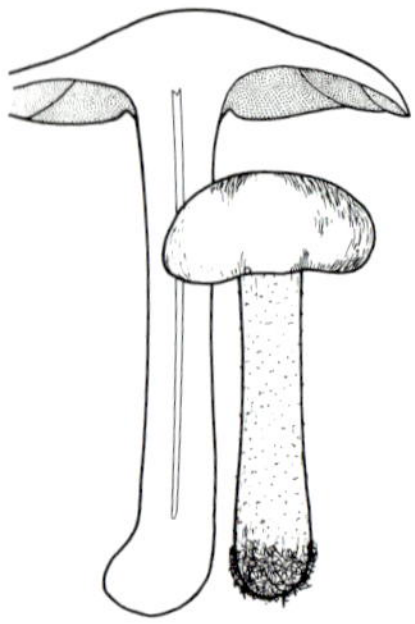

rechts junger Fruchtkörper, links Längsschnitt durch älteres Exemplar

Kennzeichen: Hut 5–10 cm breit; zunächst gewölbt, später ausgebreitet; tongelb, gelbbräunlich, mit dunklerer Mitte; schmierig, kahl. Lamellen jung blaß, später dunkler tonfarben, ausgebuchtet (s. Grafik). Die weißflockige Lamellenschneide ist jung und bei nicht zu trockenem Wetter oft dicht mit ausgeschiedenen, klaren Flüssigkeitströpfchen besetzt, die nach dem Eintrocknen einen bräunlichen Fleck hinterlassen. Sporenpulver braun. Stiel 4–9 cm lang, bis 2 cm dick; weißlich; Stielspitze jung tränend, weißflockig; meist fest und massiv, alt auch hohl. Fleisch weiß. Schwacher Rettichgeruch; Geschmack bitterlich und rettichartig. **Vorkommen:** Mai bis Oktober, in Laubwäldern, auf Weiden, in Trockenrasen; häufig und gesellig. **Wert:** Giftig. **Verwechslungen:** Auch viele verwandte Fälblinge besitzen helle, ton- bis ockerbräunliche oder semmelfarbene Hüte und mehr oder weniger deutlichen Rettichgeruch. Die meisten dieser Arten sind giftig oder giftverdächtig.

Semmelbrauner Schleimkopf

Cortinarius varius

Eßbar

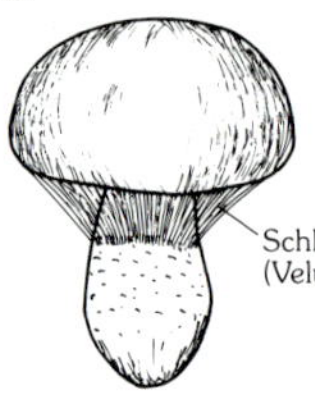

junger Haarschleierling

Fruchtkörper, rechts im Längsschnitt

Gattungsmerkmale: Die Haarschleierlinge *(Cortinarius)* sind eine außerordentlich artenreiche Gattung von Braunsporern, die in der Jugend einen zwischen Hutrand und Stiel ausgespannten, spinnwebenartigen Schleier (s. Grafik) besitzen, der aber frühzeitig verschwinden kann. Sie sind nur mikroskopisch und chemisch eindeutig zu identifizieren. In letzter Zeit werden in dieser Gruppe immer mehr z. T. tödlich giftige Arten entdeckt; vom Verzehr ist daher generell abzuraten. **Kennzeichen:** Hut 4–10 cm breit; semmelbraun bis rotbräunlich; Rand meist semmelgelb, Hutmitte fuchsig; jung halbkugelig, dann flach ausgebreitet; Rand zunächst eingerollt und mit faserigen Schleierresten behangen, alt wellig bis geschweift (s. Grafik); schleimig-schmierig; kahl. Lamellen jung zart lila bis blauviolett, zuletzt bräunlich; dichtstehend; am Stiel ausgebuchtet angewachsen. Sporenstaub rostbraun. Stiel 5–10 cm lang, an der verdickten Basis bis 2,5 cm dick; keulig; zunächst weiß, später hell ockerbraun. Fleisch weißlich bis blaßgelblich, im Stiel alt grau. **Vorkommen:** Juli bis Oktober, im Nadelwald. **Wert:** Guter Speisepilz. **Verwechslungen:** Obwohl die beschriebene Art als leicht erkennbar gilt, sollten besonders Anfänger diesen Pilz wegen der Gefahr von Verwechslungen nicht zu Speisezwecken verwenden (s. Gattungsmerkmale).

Orangefuchsiger Rauhkopf

Cortinarius orellanus

Tödlich giftig
Gefährdete Art!

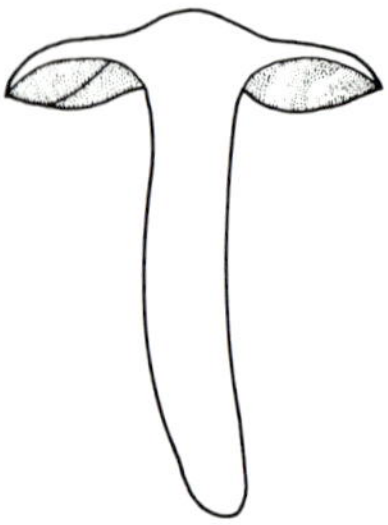

Längsschnitt

Kennzeichen: Hut 3–6 (–8,5) cm breit; zunächst kegelig, dann glockig, zuletzt flach ausgebreitet; oft mit schwachem, stumpfem Buckel (s. Grafik); orangefuchsig, rostbraun, rostorange; matt; zunächst feinfilzig, später feinfaserig rauh bis feinschuppig, alt kahl. Lamellen zunächst hell rostbräunlich, später intensiv zimtbraun, zimtorange; entfernt, dicklich; ausgebuchtet bis gerade angeheftet. Sporenstaub rostbraun. Stiel 4–9 cm lang, 1–2 cm dick; deutlich heller als der Hut: messing- bis goldgelb, Stielspitze gelb; längsstreifig, etwas seidenglänzend; Velum nicht erkennbar; zylindrisch oder nach unten dünner werdend. Fleisch hell ockerfarben, auch bräunlich verfärbend; fest und hart, im Stiel faserig. Manchmal beim Anschneiden mit etwas Rettichgeruch; milder Geschmack. **Vorkommen:** In wärmebegünstigten Wäldern; in Deutschland offenbar recht selten. **Wert:** Oft tödlich giftig. Vergiftungen durch den Orangefuchsigen Rauhkopf machen sich meist erst nach 2–17 Tagen durch eine Funktionsstörung der Nieren bemerkbar. Die Giftigkeit wurde 1952 anläßlich einer Massenvergiftung in Polen festgestellt. **Verwechslungen:** Unter den nächstverwandten, nicht leicht unterscheidbaren Arten befinden sich weitere tödlich giftige Vertreter (s. auch Gattungsmerkmale, S. 104 unten).

Reifpilz

Rozites caperatus

Eßbar
Gefährdete Art!

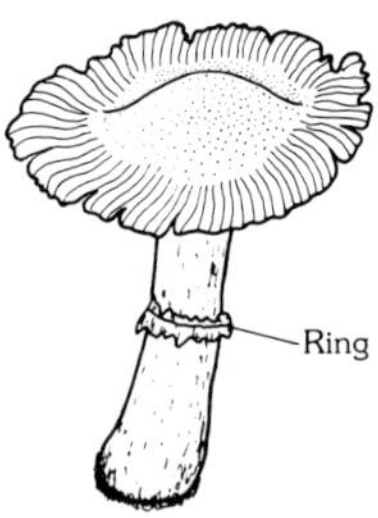

alter Fruchtkörper

Kennzeichen: Hut 6–12 cm breit; jung eiförmig bis glockig, dann ausgebreitet; im Randbereich immer gefurcht und gerunzelt (Runzel-Schüppling); tonblaß bis ockerbräunlich, semmelfarben; zunächst etwas graulila überhaucht und mehlig bereift; der Reif besteht aus weißlich-silbrigen Schüppchen (Velumreste); Hutrand oft mit kurzem, häutigem Saum behangen, später meist eingerissen. Lamellen zunächst blaß lehmfarben, dann tonbraun werdend; engstehend, breit; Lamellenschneide gekerbt. Sporenstaub braun. Stiel 6–12 cm lang; weißlich-gelblich, seidig, faserig-streifig, mit schmalem, häutigem Ring (s. Grafik). Fleisch weißlich, unter der Huthaut blaßorange. Schwacher, angenehmer Geruch und milder Geschmack. **Vorkommen:** August bis Oktober; häufiger im Nadel-, aber auch im Laubwald; gebietsweise häufiger. **Wert:** Ein sehr guter und ergiebiger Speisepilz. **Verwechslungen:** Einige Schleierlinge *(Cortinarius)* können eine gewisse Ähnlichkeit aufweisen; der häutige Ring, der mehlige Reif auf dem Hut und die trockene Huthaut sind jedoch gute Erkennungszeichen.

Gift-Häubling, Nadelholz-Häubling

Galerina marginata

Lebensgefährlich giftig

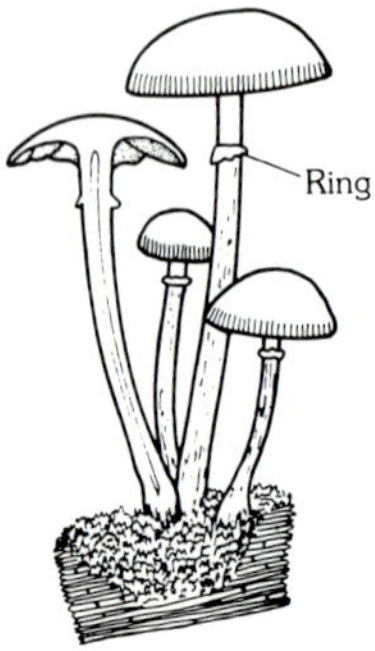

Fruchtkörper,
links im Längsschnitt

Kennzeichen: Hut 1,5–4 (–5) cm breit; jung halbkugelig, glockig, dann flach kegelförmig oder konvex bis flach; mehr oder weniger deutlich stumpf gebuckelt; hygrophan: in feuchtem Zustand bzw. in der durchfeuchteten Randzone fuchsig-ocker bis fuchsig-braun, honigbraun, trocken gelbbraun, ocker; glatt und kahl; Huthaut abziehbar; Hutrand feucht durchscheinend gerieft und bei jungen Fruchtkörpern mit Velumresten behangen. Lamellen holzbraun, blaß zimtfarben, schmal, engstehend; breit angeheftet, leicht herablaufend. Sporenstaub rostbraun. Stiel 2–6 cm lang, 1,5–9 mm dick; lang und schlank, zylindrisch, hohl; jung mit weißlichen Fasern, dann ocker- bis honigfarben, unten auch dunkler rot- bis graubräunlich; trocken; mit häutigem Ring (s. Grafik); unterhalb des Ringes deutlich faserig gestreift, darüber graubräunlich bemehlt. Fleisch hellocker, im Stiel dunkler braun. Geruch und Geschmack mehlartig, besonders deutlich an frisch durchschnittenen Exemplaren. **Vorkommen:** August bis Oktober, gesellig bis büschelig, vorwiegend an morschen Nadelholzstümpfen, aber auch an Laubholz. **Wert:** Lebensgefährlich giftig (enthält z. T. die gleichen Giftstoffe wie der Grüne und die weißhütigen Knollenblätterpilze). **Verwechslungen:** Das Stockschwämmchen (s. S. 100 unten) kann sehr ähnlich aussehen, ist in der Regel aber etwas größer und unterscheidet sich vor allem – wenn nicht zu alt – durch den unterhalb des Ringes schuppigen Stiel; es hat keinen Mehlgeruch. Kann auch mit einem der Schwefelköpfe (s. S. 98) verwechselt werden. Der Gift-Häubling besitzt mehrere, gleichfalls gefährlich giftige Verwandte, die ihm außerordentlich ähnlich sind.

Dickblättriger Schwärz-Täubling

Russula nigricans

Eßbar

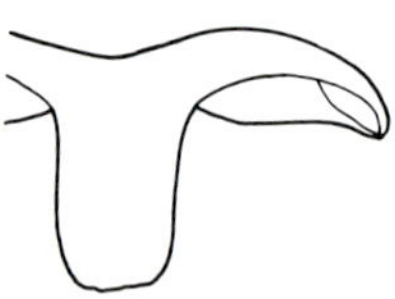

älterer Fruchtkörper,
Längsschnitt

Familienmerkmale: Siehe S. 110 oben. **Kennzeichen:** Hut 6–15 (–20) cm breit; jung weißlich, dann stellenweise und zuletzt völlig olivbraun-rußbraunschwärzlich werdend. Lamellen extrem weit voneinander entfernt; zunächst gelbweißlich, dann bräunlich, schwärzend; bei Verletzung rot anlaufend. Stiel kurz und dick (s. Grafik); Färbung wie Hut. Fleisch außerordentlich fest und hart, weißlich, bei Verletzungen weinrötlich anlaufend, dann schwärzend. Geschmack fast mild. **Vorkommen:** Juni bis Oktober, im Laub- und Nadelwald; häufig. **Wert:** Nur ganz junge Exemplare sind genießbar. **Verwechslungen:** Sind nicht möglich: »Leichtest kenntlich durch die entferntesten dicksten Lamellen und härtestes, rötendes, dann schwärzendes Fleisch.«

Frauen-Täubling

Russula cyanoxantha

Eßbar

jüngerer Fruchtkörper

Familienmerkmale: Zur Familie der Sprödblättler (Russulaceae) gehören die Täublinge *(Russula)* und die Milchlinge *(Lactarius)*. Die Vertreter beider Gattungen sind sehr ähnlich, bis auf den nur in Milchlingen vorhandenen Milchsaft, der bei Verletzung frischer Fruchtkörper austritt. Im Gegensatz zu allen übrigen Blätterpilzen sind am Aufbau des Fruchtkörpers der Sprödblättler neben langgestreckten Hyphen auch kugelige Zellen beteiligt; dadurch zerbrechen die Lamellen splitternd, wenn man mit dem Finger darüber streicht; auch Hut- und Stielfleisch läßt sich nicht in Fasern aufspalten, sondern bricht wie Apfel oder Kartoffel. Sporenform und weißes bis gelbes Sporenpulver sind weitere gemeinsame Merkmale. Die oft leuchtenden Hutfarben und das Erscheinungsbild der Täublinge lassen Vertreter dieser Gattung leicht erkennen. Speziell für Täublinge gilt die Regel, daß alle mild schmeckenden Arten eßbar sind (Geschmacksprobe s. S. 11).

Kennzeichen: Hut 6–15 cm breit; Hutfarbe sehr variabel: mischfarbig violett-grün, aber auch einfarbig violett oder grün, auch mit rötlicher, lila, grauer und gelblicher Tönung; mit radial verlaufenden Adern (s. Grafik); bei feuchtem Wetter klebrig. Lamellen weiß, weich und biegsam (Ausnahme unter den Täublingen), untermischt, oft gegabelt; am Stiel etwas herablaufend. Sporenpulver rein weiß. Stiel 4–10 cm lang, 1,5–3 (–5) cm dick; zylindrisch; weiß, selten schwach lilarötlich; kahl, voll, Stielbasis oft spitz auslaufend. Fleisch weiß, unter der Huthaut violett durchgefärbt. Geruchlos, mild. **Vorkommen:** Juli bis Oktober, im Laub- und Nadelwald; verbreitet und häufig. **Wert:** Eßbar und gut. **Verwechslungen:** Unter den Täublingen vor allem an den biegsamen Blättern, die beim Reiben schmierig verkleben (nicht splittern), leicht kenntlich.

Gefelderter Grün-Täubling

Russula virescens

Eßbar
Gefährdete Art!

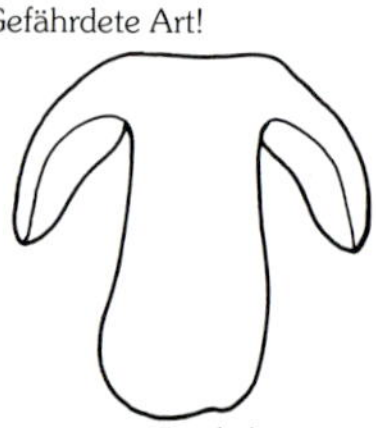

jüngerer Fruchtkörper, Längsschnitt

Kennzeichen: Hut 5–15 (–20) cm breit; kugelförmig, dann ausgebreitet; grünspanfarben, alt semmelgelb; Rand körnig gerippt; bereits früh felderig-schuppig aufreißend. Lamellen weißlich. Sporenstaub weißlich. Stiel 3–10 cm lang, 2–3 (–5) cm dick; zylindrisch (s. Grafik); weiß, hart und kräftig. Fleisch weiß, alt bräunlich, fest. Geschmack nußartig. **Vorkommen:** Juli bis September, vorwiegend in Laubwäldern. **Wert:** Eßbar und sehr wohlschmeckend. **Verwechslungen:** Nicht möglich; aufgrund seiner Größe und der spangrünen, felderig aufreißenden Huthaut hat er unter den Täublingen nicht seinesgleichen.

Speise-Täubling

Russula vesca

Eßbar

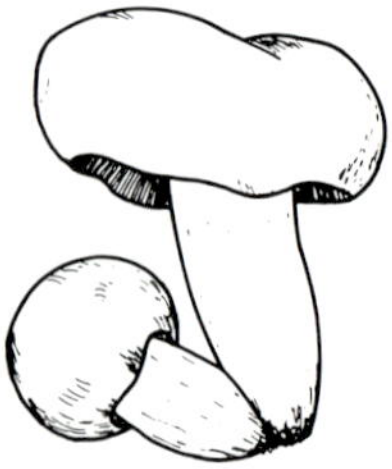

jüngere Fruchtkörper

Kennzeichen: Hut 5–12 cm breit; fleischrötlich bis fleischbräunlich, am Rande trübrosa und in der Mitte bräunlich, oft sehr blaß; schwach runzelig, matt; Lamellen meist über die Hutkante hinausragend und daher von oben sichtbar. Lamellen weiß, engstehend, schmal, weich; angewachsen; Lamellenschneide oft rostfleckig. Stiel 3–8 cm lang, 2–3 cm dick; weiß, oft rostfleckig; Stielbasis zuspitzend (s. Grafik). Fleisch weiß, fest. Angenehmer, nußartiger Geschmack; fast ohne Geruch. **Vorkommen:** Juni bis Oktober, in Laub- und Nadelwäldern; verbreitet. **Wert:** Eßbar; ein Täubling, der als wohlschmeckend bezeichnet werden darf. **Verwechslungen:** Die eigentümlich fleischrote Farbe des Hutes und der milde Geschmack schützen vor Verwechslungen mit giftigen oder unbekömmlichen Täublingen.

Zitronen-Täubling

Russula ochroleuca

Eßbar

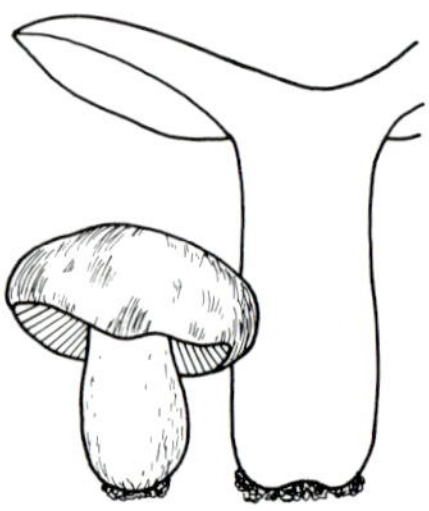

Fruchtkörper,
rechts im Längsschnitt

Kennzeichen: Hut 4–10 cm breit; jung stark gewölbt, dann flach ausgebreitet oder mit vertiefter Mitte (s. Grafik); lebhaft zitronen- bis ockergelb, oft auch mit graugrünlichen Tönen; glatt und kahl, mehr oder weniger schmierig-klebrig, feucht glänzend. Lamellen weißlich, später häufig mit bräunlichen Flecken. Stiel 4–7 cm lang, 1,5–2,5 cm dick; zylindrisch, weiß bis hell ockergelblich. Fleisch weiß und fest, alt besonders im Stiel schwammig und etwas grauend. Geruch schwach, fruchtig; Geschmack von recht unterschiedlicher Schärfe, aber nie brennend scharf; gelegentlich auch etwas bitter; Stielfleisch oft fast mild. **Vorkommen:** Besonders von September bis November in oft riesigen Mengen auftretend; vorwiegend im Fichtenwald; häufig. **Wert:** Eßbar; größere Mengen sollten abgebrüht werden, um die scharfschmeckenden Komponenten zu entfernen. **Verwechslungen:** Recht ähnlich ist der Gallen-Täubling *(Russula fellea);* er ist jedoch in allen Teilen (Hut, Lamellen, Stiel und Fleisch) fahl-ockerlich gefärbt, lediglich die Hutmitte ist intensiver ockergelb. Der Gallen-Täubling schmeckt überall (auch im Stiel) brennend scharf und unterscheidet sich allein dadurch deutlich vom Zitronen-Täubling.

Spei-Täubling

Russula emetica

Giftig

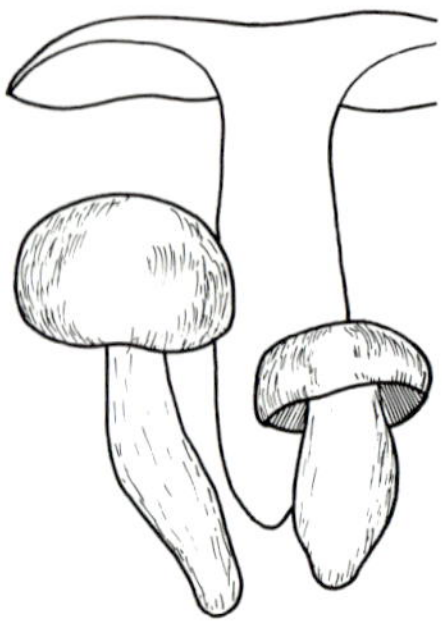

Fruchtkörper, mittlerer im Längsschnitt

Kennzeichen: Hut 5–10 cm breit; zunächst fast halbkugelig, dann flach ausgebreitet (s. Grafik); jung leuchtend kirschrot bis scharlachrot, stellenweise ockerlich, seltener weißlich entfärbend; bei feuchtem Wetter klebrig, trocken glänzend; Huthaut bis zur Mitte abziehbar. Lamellen weißlich, abgerundet bis frei, nicht untermischt, starr und leicht splitternd. Sporenstaub weiß. Stiel 5–8 (–10) cm lang, bis 2 cm dick; manchmal leicht keulig; rein weiß; jung fest, später weich, brüchig, mit feinen Längsrunzeln oder -falten. Fleisch weiß, im Hut dünn; Stielfleisch schwammig. Geschmack brennend scharf; Geruch angenehm obstartig. **Vorkommen:** Juli bis Oktober, in Laub- und Nadelwäldern; die einzelnen Sippen haben unterschiedliche Standortsansprüche. **Wert:** Giftig. **Verwechslungen:** Der scharfe Geschmack, Hut-, Lamellen- und Sporenstaubfarbe charakterisieren den Spei-Täubling recht gut. Nach dem Standort und dem jeweiligen Mykorrhizapartner lassen sich jedoch mindestens ein halbes Dutzend Varietäten bzw. Sippen innerhalb des Formenkreises des Spei-Täublings unterscheiden. Ihnen allen ist neben dem scharfen Geschmack die Giftigkeit gemeinsam.

Wolliger Milchling

Lactarius vellereus

Ungenießbar

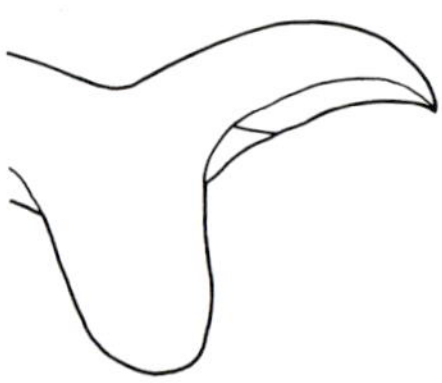

Längsschnitt

Kennzeichen: Hut 10–20 (–30) cm breit; jung weiß (kalkweiß), dann schmutzig weißlichgelb; Oberfläche flaumig, wollig-filzig; zunächst mit eingerolltem Rand, dann ausgebreitet und in der Mitte niedergedrückt (s. Grafik), oft unregelmäßig verbogen. Lamellen weißlich, ockerlich, auch fleischfarben fleckend; entfernt, etwas am Stiel herablaufend. Stiel kurz und dick (2–6 cm lang, 2–5 cm dick), zylindrisch, fest und kompakt; weißlich, an Druckstellen bräunlich; jung flaumig-wollig, alt kahl. Fleisch weiß, mit sehr scharfem, weißem Milchsaft, der aus verletzten Stellen reichlich hervorquillt, allerdings nur bei frischen Exemplaren; fest und hart. **Vorkommen:** Juli/August bis November, meist im Laubwald; gesellig; verbreitet. **Wert:** Gilt – wenn auch nicht unumstritten – als ungenießbar; nicht als giftig bekannt. **Verwechslungen:** Farblich ähnlich sind der Pfeffer-Milchling *(Lactarius piperatus)* nebst 2 weiteren Arten, die sich durch längeren Stiel und glatte Oberfläche deutlich unterscheiden. Der Pfeffer-Milchling hat ebenfalls sehr scharfen Milchsaft; er gilt als wohlschmeckend, wenn mit Speck und Zwiebeln scharf gebraten (vgl. aber S. 118 oben).

Birken-Reizker

Lactarius torminosus

Abzuraten

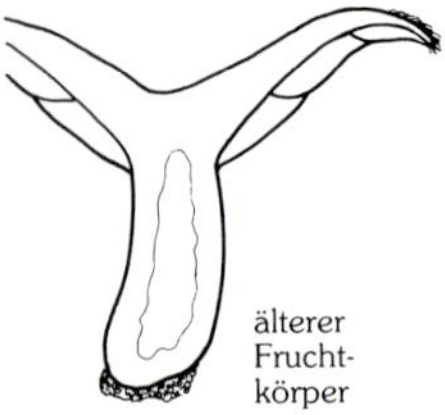

Längsschnitt

Kennzeichen: Hut 5–15 cm breit; fleischrosa bis fleischbräunlich, mit helleren oder dunkleren, konzentrischen Zonen; filzig-zottig; feucht leicht schmierig-klebrig; an Druckstellen bräunlich verfärbend; jung gewölbt und in der Mitte vertieft (genabelt), später flach trichterförmig; Rand jung mit weißlichen, schuppig-watteartigen Fransen und stark eingerollt; später abgeflacht und mit langen, gekräuselten Zottenhaaren bedeckt, die am äußersten Hutrand einen weißlichen, zottig-bärtigen Saum bilden (s. Grafik); auf der Hutoberfläche sind die Zottenhaare zunächst fleischrosa, verblaßt hellocker; zur Hutmitte hin wird die Behaarung spärlich bis undeutlich. Lamellen jung weißlich, dann fleischrosa-gelblich; dünn, gedrängt, untermischt, in Stielnähe gegabelt; mit Zahn am Stiel herablaufend. Sporenstaub blaßgelblich. Stiel 4–8 cm lang, 1–2 cm dick; etwa in den Hutfarben; oben mit 2–3 cm breiter, fleischrosa Gürtelzone; glatt oder mit grubenartigen Vertiefungen; zylindrisch, brüchig, frühzeitig hohl. Fleisch blaß rötlichweiß-gelblich, unter der Huthaut fleischrötlich. Schwacher, terpentinartiger Geruch; Geschmack sehr scharf. Milchsaft weiß, unveränderlich; auf der Zunge (Giftpilz!) sofort scharf brennend. **Vorkommen:** August bis Oktober, in und außerhalb von Wäldern, aber stets bei Birken (Mykorrhizapilz). **Wert:** Roh stark giftig. »Eßbar nach besonderer Zubereitung« (s. dazu S. 118 oben). **Verwechslungen:** Auch vom Genuß ähnlicher Arten muß abgeraten werden.

Fichten-Reizker

Lactarius deterrimus

Eßbar

Längsschnitt

Kennzeichen: Hut 3–10 cm breit; im Randbereich mit schmalen Ringzonen; jung orange, besonders frühzeitig am Rande grün verfärbend; alt ganz grün. Lamellen orangeocker, grünfleckend; dicht, angewachsen-herablaufend (s. Grafik). Stiel 3–6 cm lang, 1–2,5 cm dick; meist zylindrisch; orange-fleischrötlich, oft ebenfalls grün fleckend; bald hohl. Fleisch hellgelblich, alt dunkelgrün; brüchig, im Stiel schwammig. Fruchtiger Geruch. Milchsaft unmittelbar nach Anschneiden des Fruchtkörpers karottenrot; nach etwa 30 Minuten beim Eintrocknen weinrot verfärbend; die Milch schmeckt zunächst bitter, dann schwach auf der Zunge brennend. **Vorkommen:** August bis Oktober, in Fichtenwäldern (bei Fichten); häufig. **Wert:** Eßbar, aber minderwertig. **Verwechslungen:** Unter den nächstverwandten, ungiftigen Arten mit karottenrotem Milchsaft gilt lediglich der nur unter Kiefern wachsende Edel-Reizker *(Lactarius deliciosus)* als besonders wohlschmeckend.

Brätling

Lactarius volemus

Eßbar
Gefährdete und geschützte Art!
(Ausnahme s. S. 6)

Fruchtkörper,
links im Längsschnitt

Kennzeichen: Hut 6–15 cm breit; zunächst gewölbt, dann ausgebreitet und unregelmäßig trichterförmig (s. Grafik); lebhaft rotbraun, orangebraun, semmelgelblich; trocken, matt. Lamellen blaßgelblich, an Druckstellen und im Alter braunfleckig; angewachsen oder auch unregelmäßig herablaufend. Stiel 6–12 cm lang, 1–3 cm dick; orangefuchsig, mehr oder weniger in den Hutfarben; Druckstellen bräunend; fest und kompakt. Fleisch weißlich, nach Verletzung braun fleckend. Nach Heringslake riechend. Milchsaft weiß, an der Luft langsam grau verfärbend; mild, mit etwas herbem Nachgeschmack; an frischen Exemplaren reichlich. **Vorkommen:** Juli bis Oktober, in Laub- und Nadelwäldern; meist einzeln, nicht häufig. **Wert:** Ein guter Speisepilz, besonders wenn paniert und wie Schnitzel gebraten; zum Schmoren ungeeignet. **Verwechslungen:** Unter den braunhütigen, teils milden, teils scharfen und meist kleineren Milchlingen an seinem Heringsgeruch gut zu erkennen, der sonst bei Milchlingen nicht vorkommt.
Anmerkungen: Der Brätling ist neben den Vertretern mit karottenrotem Milchsaft wohl die einzige Milchling-Art, die – nach bisherigen Erfahrungen – gefahrlos auch in größeren Mengen verzehrt werden kann. Viele scharfe Milchlinge werden als »eßbar nach besonderer Zubereitung« beschrieben; es liegt jedoch der Verdacht nahe, daß ihr Verzehr in größeren Mengen auch nach Durchführung der empfohlenen Zubereitungsprozeduren nicht unbedenklich ist. Nach neueren Untersuchungen scheint sogar die Empfehlung angebracht, auch die milden Arten – mit Ausnahme der genannten – zu meiden.

Rotbrauner Milchling

Lactarius rufus

Abzuraten

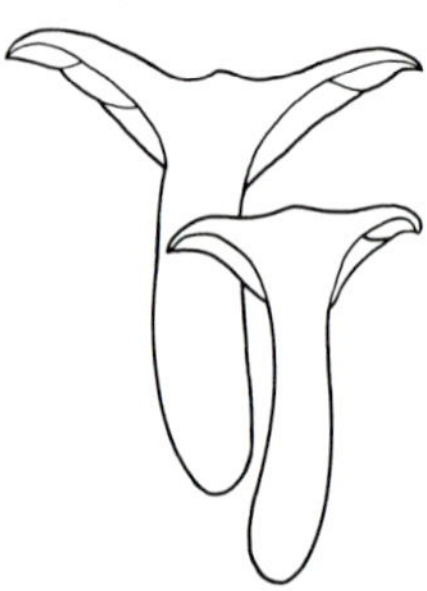

Längsschnitte

Kennzeichen: Hut 3–8 (–10) cm breit; rotbraun; flach gewölbt, dann trichterförmig, stets mit mehr oder weniger spitzem Höcker in der Hutmitte (s. Grafik); um den Buckel herum niedergedrückt; matt, trocken; Rand anfangs eingerollt, flaumig. Lamellen jung cremefarben, dann fleischrötlich-ocker, rotbräunlich; angewachsen, etwas herablaufend. Stiel 4–8 (–12) cm lang, 0,5–2 cm dick; zylindrisch; hellbräunlich bis fleischrötlich-braun, bereift; alt oft hohl. Fleisch hell rotbräunlich; fest. Sehr scharf. Milchsaft weiß und so bleibend; üppig vorhanden; brennend scharf. **Vorkommen:** Juni bis Herbst, im Nadelwald; häufig; oft massenweise auftretend. **Wert:** »Eßbar nach besonderer Zubereitung«; vom Verzehr muß jedoch abgeraten werden (s. oben). **Verwechslungen:** Gut kenntlich an dem gebuckelten Hut.

Gemeine Stinkmorchel

Phallus impudicus

Ungenießbar

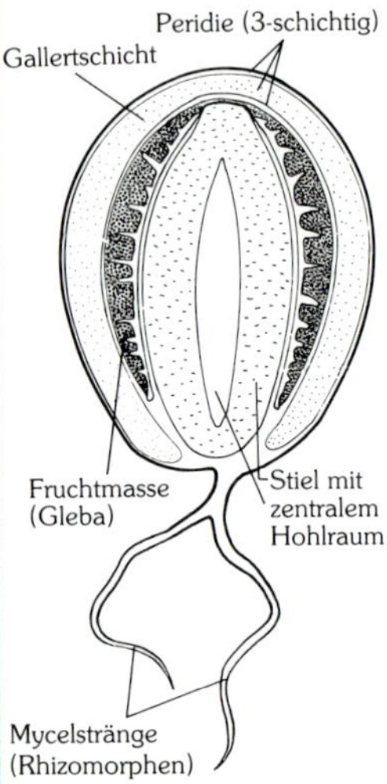

Jugendstadium der Stinkmorchel (Hexen- oder Teufelsei), Längsschnitt

Die Bauchpilze (Gastromyceten) besitzen – zumindest in der Jugend – einen allseitig geschlossenen Fruchtkörper, in dessen Innerem die Sporen erzeugt werden. Bei der Stinkmorchel und beim Tintenfischpilz (s. S. 122 oben) sind die reifen Sporen eingebettet in eine schleimige, stinkende Masse, während sie bei den Bovisten, Stäublingen und ihren Verwandten (s. S. 122 unten und S. 124) als trockenes Pulver ausgebildet werden.

Kennzeichen: Fruchtkörper im Jugendstadium ein weißliches, rundes Gebilde etwa von der Größe eines Hühnereies oder einer Faust, das im Volksmund unter der Bezeichnung »Hexenei« oder »Teufelsei« (s. Grafik) bekannt ist; es wird unterirdisch angelegt, durchbricht aber bald die Erdoberfläche. Die Hülle (Peridie) des Eies wird aus 3 Schichten gebildet, von denen die mittlere eine gelbbräunliche, gallertartige Masse darstellt. Im Inneren des Hexeneies befindet sich zentral die Anlage des Stiels, der im oberen und mittleren Teil von einer olivgrünen Masse (Gleba) umgeben ist, in der die Sporen gebildet werden. Sobald die Entwicklung abgeschlossen ist, streckt sich der Stiel innerhalb weniger Stunden auf das 4- bis 5-fache der Länge, die er im Hexenei hatte; er kann schließlich eine Höhe von 20 cm erreichen, besitzt eine schwammig-poröse Konsistenz und ist innen hohl. Durch die Stielstreckung wird der nur an der Spitze angewachsene, glockenförmige Hut mitsamt der Fruchtmasse (Gleba) emporgehoben; diese beginnt nun zu verschleimen und gleichzeitig einen penetranten Aasgeruch auszuströmen, der noch in mehr als 10 m Entfernung deutlich wahrnehmbar ist und viele Insekten, vor allem Fliegen, anlockt. Diese verspeisen die Gleba in kürzester Zeit und sorgen dadurch für eine weite Verbreitung der Sporen. **Vorkommen:** Ende Mai bis November, am häufigsten aber in feuchtwarmen Sommermonaten; im Nadel- und Laubwald; verbreitet und sehr häufig. **Wert:** Reif ungenießbar, nicht giftig; auch manche Pilzliebhaber haben einen besonderen Geschmack: sie essen die Hexeneier (ohne Haut gekocht, dann in Scheiben geschnitten und wie Bratkartoffeln geröstet). Ob hier der Geschmack dieses Pilzgerichtes oder die Tatsache, daß Hexeneier seit alters her als Aphrodisiacum gelten, den entscheidenden Anreiz für die Bereitung dieses Menüs geben, mag dahingestellt bleiben. **Verwechslungen:** Man achte auf weiße Jugendstadien von Knollenblätterpilzen (s. auch S. 124 oben).

Tintenfischpilz

Anthurus archeri

Ungenießbar

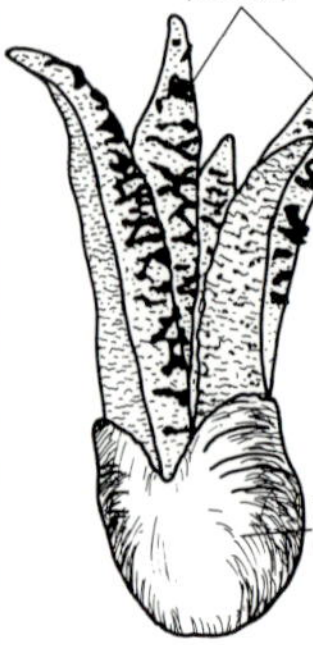

jüngerer, noch nicht entfalteter Fruchtkörper

Kennzeichen: Das Jugendstadium ist – wie bei der Stinkmorchel (s. S. 120) – ein »Hexenei« von 3–4 cm Durchmesser, mit grau-bräunlich-violetter Außenhaut. Bei der Reife platzt es am Scheitel auf und ein zapfenartiges, blaßrotes Gebilde schiebt sich 5–10 (–15) cm weit nach oben; dieser Vorgang dauert nur wenige Stunden. Bald erfolgt eine Aufspaltung in 3–7 auf der Innenseite himbeer- bis blutrot gefärbte Ärmchen, die an die Fangarme eines Polypen erinnern (s. Grafik). Später sind sie mehr oder weniger flach ausgebreitet und der Pilz gleicht eher einem Seestern. Die Ärmchen sind sehr zerbrechlich und haben die gleiche schaumig-poröse Beschaffenheit wie der Stiel der verwandten Stinkmorchel. Beim Tintenfischpilz ist die verschleimende Fruchtmasse (Gleba) als olivschwärzliche, aasartig stinkende Masse auf der Innenseite der Ärmchen in Form netzig-zerrissener Streifen angeordnet. Der Gestank lockt auch hier bald die Aasfliegen an, die sich durch den Verzehr dieser Fruchtmasse um die Verbreitung des Pilzes verdient machen. **Vorkommen:** Juli bis Oktober, in Laubwäldern. Der Pilz ist in Neuseeland und Australien verbreitet und vermutlich über Italien in Europa eingeschleppt worden, wo er sich seitdem recht stark ausgebreitet hat. **Wert:** Ungenießbar.

Riesen-Bovist

Langermannia gigantea

Jung eßbar

Kennzeichen: Fruchtkörper nahezu kugelförmig, mit 10–50 cm Durchmesser (»größtes Exemplar 60 cm hoch und 120–150 cm breit«) gewiß der größte aller Bauchpilze; jung weißlich, glatt, zart-filzig, später graugelb, gelbbräunlich; Außenhülle felderig aufreißend und vom Scheitel her beginnend langsam abbröckelnd; übrig bleibt zuletzt nur der untere Teil. Fruchtmasse (Gleba) jung weißlich, festfleischig, später weicher und grüngelb; anschließend verwandelt sich die gesamte Innenmasse in einen feuchten, bräunlichen Brei, der zuletzt wieder trocknet und zu einer flockig-wolligen Masse wird, die zwischen mikroskopisch feinen Fasern eine unvorstellbar große Zahl von Sporen enthält. **Vorkommen:** August bis Oktober, auf Viehweiden, in Gärten, Parks, Gebüschen, und dergleichen; nicht häufig. **Wert:** Jung eßbar; das Innere muß noch weiß sein; sobald gelbliche Töne auftreten, wird die Fruchtmasse bitter und ungenießbar; vereinzelt sind nach dem Genuß Beschwerden und Übelkeit bekannt geworden. Empfehlenswert ist die Zubereitung wie »Hirn mit Ei« oder das Panieren und Braten einzelner Scheiben.

Flaschen-Stäubling

Lycoperdon perlatum

Jung eßbar

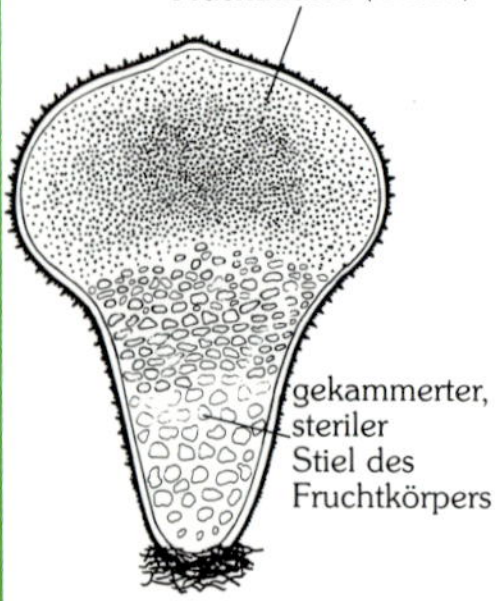

unreifer Fruchtkörper, Längsschnitt

Kennzeichen: Fruchtkörper 2–5 (–9) cm hoch; jung weißlich, alt graubraun; birnförmig; der kugelige Kopfteil ist mit leicht abwischbaren, einfachen, kegelförmigen Stacheln besetzt, die einzeln jeweils von einem Kranz kleinerer Warzen umgeben sind. Der Kopfteil enthält die zunächst weiße Fruchtmasse (Gleba); sie wird später gelblich, olivbraun, naß und breiartig; im Reifezustand der Sporen trocknet sie aus und wird staubig-flockig. Die Sporen werden als Staubwolke auf äußeren Druck durch eine kleine Öffnung ausgestoßen, die bei der Reife an der Spitze des Kopfteils entsteht. Der Stiel ist innen weiß, später hellbraun, mit relativ großen Kammern (s. Grafik). **Vorkommen:** Juli bis November, in Laub- und Nadelwäldern; häufig. **Wert:** Jung eßbar; das Innere muß noch rein weiß sein. **Verwechslungen:** Lebensgefährlich sind Verwechslungen mit außen noch weißen Jugendstadien von Fliegenpilzen oder gar Knollenblätterpilzen; eine Längshalbierung zeigt aber den andersartigen inneren Aufbau (s. S.8/9).

Dickschaliger Kartoffel-Bovist

Scleroderma citrinum

Giftig

Kennzeichen: Die Fruchtkörper haben einen Durchmesser von 3–12 cm und sind in Form, Farbe, Größe und Gewicht einer Kartoffel oft täuschend ähnlich; stiellos; schmutzig gelblich; die äußere Hülle (Peridie) ist 2–4 mm dick, sehr zäh und fest, oberflächlich in größere und kleinere Warzen, Schuppen oder Schollen zerrissen. Die Fruchtmasse (Gleba) füllt den gesamten Innenraum des Fruchtkörpers aus; sie ist zunächst weißlich-gelblich gefärbt, wird dann von der Mitte her langsam violettschwärzlich und schließlich kohlschwarz, von weißen Fasern durchzogen; diese Verfärbung ist das sichtbare Zeichen für die fortschreitende Sporenreifung. Schließlich zerfällt die gesamte Innenmasse (Sporenmasse) pulvrig. **Vorkommen:** Juli bis November, in Laub- und Nadelwäldern; häufig. **Wert:** Giftig. **Verwechslungen:** Sämtliche Kartoffel-Bovist-Arten sind giftig oder giftverdächtig; ihre Fruchtkörper entwickeln sich meist über dem Erdboden. Verwechslungen mit unterirdisch wachsenden, oft sehr ähnlichen Arten (Trüffeln, Wurzel-, Schleim-, Hirschtrüffeln u. a.) lassen sich zumeist vermeiden, wenn man die Wuchsweise beachtet. Die in jungem Zustand als Speisepilze verwendbaren Stäublinge *(Lycoperdon)* unterscheiden sich durch einen andersartigen inneren Aufbau des Fruchtkörpers (s. oben).

Register

Deutsche Namen

Austern-Seitling 28
Bärentatze 24
Becherling,
Gemeiner Orange- 18
Birkenpilz 50
Bischofsmütze 18
Bläuling, Violetter 58
Bovist,
Dickschaliger Kartoffel- 124
Riesen- 122
Brätling 118
Butterpilz 42
Champignon, Wald- 90
Weißer Gift- 88
Wiesen- 90
Dachpilz, Rehbrauner 72
Dickfuß, Lila 60
Egerling,
Dünnfleischiger Anis- 88
Feld- 90
Karbol- 88
Kleiner Blut- 90
Perlhuhn- 90
Wald- 90
Eichhase 26
Eierschwamm 20
Ellerling, Wiesen- 56
Fälbling, Tonblasser 104
Fliegenpilz 76
Königs- 76
Gauklerpilz 36
Glucke, Eichen- 24
Krause 24
Graukappe 60
Grünling 64
Habichtspilz 22
Hahnenkamm 24
Hallimasch 66
Häubling, Gift- 108
Nadelholz- 108
Helmling, Rettich- 58
Herbstblattl 60
Herrenpilz 32
Hexen-Röhrling,
Flockenstieliger 36
Netzstieliger 34, 36
Kaiserling 76
Kartoffel-Bovist,
Dickschaliger 124
Keule, Herkules- 26
Klapperschwamm 26
Knäueling,
Gelbstieliger Zwerg- 28
Knollenblätterpilz, Frühlings- 84
Gelber 80
Grüner 82, 96
Spitzhütiger 84
Koralle, Rötliche 24
Krempling, Kahler 52,
Samtfuß- 52
Kuhmaul 54
Lacktrichterling, Rötlicher 58
Lorchel, Frühjahrs- 16
Gift- 16
Herbst- 18
Krause 18
Maipilz 62
Maronen-Röhrling 38
Milchling, Rotbrauner 118
Pfeffer- 114
Wolliger 114
Mönchskopf 58
Morchel, Glocken- 16
Hohe 16
Käppchen- 16
Speise- 16
Nebelkappe 60
Pantherpilz 78
Parasol 86
Perlpilz 80
Pfifferling, Echter 20, 54
Falscher 20, 54
Schwarzer 20
Porling, Ästiger 26
Laub- 26
Schwefel- 28
Rauhfuß, Eichen- 48
Pappel- 50
Rauhkopf, Orangefuchsiger 106
Reifpilz 106
Reizker, Birken- 116
Edel- 116
Fichten- 116
Rißpilz, Ziegelroter 62, 90, 102
Ritterling, Erd- 64
Gilbender 64
Mai- 62
Rötlicher Holz- 62
Schwefel- 64
Tiger- 64
Röhrling, Blutroter 40
Flockenstieliger Hexen- 36
Fuchs- 48
Gallen- 30
Gelber Lärchen- 42
Gold- 42
Hainbuchen- 50
Körnchen- 44
Kuh- 46
Maronen- 38
Netzstieliger Hexen- 34, 36
Purpur- 34
Rotfuß- 40
Sand- 44
Satans- 34
Strubbelkopf- 30
Rötelritterling, Nebelgrauer 60
Violetter 60
Rotkappe, Birken- 48
Eichen- 48
Espen- 46
Kiefern- 48
Schwarzschuppige 48
Rötling, Riesen- 60, 74, 90
Schild- 74
Rübling, Breitblättriger 72
Brennender 68
Butter- 68
Horngrauer 68
Kastanienbrauner 68
Samtfuß- 70
Waldfreund- 68
Winter- 70
Saftling, Kegeliger 56
Schwärzender 56
Satans-Röhrling 34
Saumpilz, Zarter 94
Scheidenstreifling,
Orangebrauner 84
Schirmling, Großer Gift- 86
Riesen- 86
Safran- 86
Schleimkopf,
Semmelbrauner 104
Schneckling, Wald- 56
Schopf-Tintling 92
Schüppling, Goldfell- 102
Runzel- 106
Schusterpilz 36
Schwefelkopf,
Grünblättriger 100
Rauchblättriger 98
Ziegelroter 98
Schwindling, Feld- 70
Nelken- 70
Seitling, Austern- 28
Spargelpilz 92
Stacheling, Gallen- 22
Habichts- 22
Rotgelber 22
Stäubling, Flaschen- 124
Steinpilz 32
Kiefern- 32
Sommer- 32, 34
Schwarzer 32
Stinkmorchel, Gemeine 120
Stockschwämmchen 100, 108
Weißstieliges 96
Stoppelpilz, Semmel- 22
Täubling,
Dickblättriger Schwärz- 108
Frauen- 110
Gallen- 112
Gefelderter Grün- 110
Spei- 114
Speise- 112
Zitronen- 112
Tintenfischpilz 122
Tintling, Grauer Falten- 94
Rauhsporiger 94
Schopf- 92
Specht- 92
Träuschling, Grünspan- 96
Trichterling, Keulenfüßiger 60
Nebelgrauer 60
Ölbaum- 20, 54
Trompete, Herbst- 20
Toten- 20
Winterpilz 70
Wulstling, Grauer 78
Kegelhütiger 84
Narzissengelber 80
Porphyrbrauner 78
Ziegenlippe 40
Zwerg-Knäueling,
Gelbstieliger 28

Wissenschaftliche Namen

Agaricus campester 90
– placomyces 90
– silvaticus 90
– silvicola 88
– xanthodermus 88
Aleuria aurantia 18
Amanita caesarea 76
– citrina 80
– crocea 84
– gemmata 80
– muscaria 76
– pantherina 78
– phalloides 82
– porphyria 78
– regalis 76
– rubescens 80
– spissa 78
– verna 84
– virosa 84
Anthurus archeri 122
Armillariella mellea 66
Boletus aereus 32
– aestivalis 34
– edulis 32
– erythropus 36
– luridus 36
– pinicola 32
– rhodoxanthus 34
– satanas 34
Calocybe gambosa 62
Camarophyllus pratensis 56
Cantharellus cibarius 20
– cinereus 20
Clavariadelphus pistillaris 26
Clitocybe clavipes 60
– geotropa 58
Collybia asema 68
– butyracea 68
– butyracea var. asema 68
– dryophila 68
– peronata 68
Coprinus alopecia 94
– atramentarius 94
– comatus 92
– picaceus 92
Cortinarius orellanus 106
– traganus 60
– varius 104
Craterellus cornucopioides 20
Dendropolyporus umbellatus 26
Entoloma clypeatum 74
– sinuatum 74
Flammulina velutipes 70
Galerina marginata 108
Gomphidius glutinosus 54
Grifola frondosa 26
Gyromitra esculenta 16
– infula 18
Hebeloma crustuliniforme 104
Helvella crispa 18
Hydnum repandum 22
– rufescens 22
Hygrocybe conica 56
– nigrescens 56
Hygrophoropsis aurantiaca 54
Hygrophorus nemoreus 56
Hypholoma capnoides 98
– fasciculare 100
– sublateritium 98
Inocybe patouillardii 102
Kuehneromyces mutabilis 100
Laccaria amethystina 58
– laccata 58
Lactarius deliciosus 116
– deterrimus 116
– piperatus 114
– rufus 118
– torminosus 116
– vellereus 114
– volemus 118
Laetiporus sulphureus 28
Langermannia gigantea 122
Leccinum aurantiacum 46
– duriusculum 50
– griseum 50
– quercinum 48
– scabrum 50
– testaceoscabrum 48
– vulpinum 48
Lepista nebularis 60
– nuda 60
Lycoperdon perlatum 124
Macrolepiota procera 86
– rhacodes 86
– rhacodes var. hortensis 86
– venenata 86
Marasmius oreades 70
Megacollybia platyphylla 72
Mitrophora semilibera 16
Morchella elata 16
– esculenta 16
Mycena pura 58
Omphalotus olearius 54
Oudemansiella platyphylla 72
Panellus serotinus 28
Paxillus atrotomentosus 52
– involutus 52
Phallus impudicus 120
Pholiota aurivella 102
Pleurotus ostreatus 28
Pluteus atricapillus 72
Psathyrella candolleana 94
– hydrophila 96
Ramaria botrytis 24
Rozites caperatus 106
Russula cyanoxantha 110
– emetica 114
– fellea 112
– nigricans 108
– ochroleuca 112
– vesca 112
– virescens 110
Sarcodon fennicus 22
– imbricatus 22
– scabrosus 22
Scleroderma citrinum 124
Sparassis crispa 24
– laminosa 24
Strobilomyces floccopus 30
Stropharia aeruginosa 96
– cyanea 96
Suillus bovinus 46
– granulatus 44
– grevillei 42
– luteus 42
– variegatus 44
Tricholoma flavovirens 64
– pardinum 64
– scalpturatum 64
– sulphureum 64
– terreum 64
Tricholomopsis rutilans 62
Tylopilus felleus 30
Xerocomus badius 38
– chrysenteron 40
– rubellus 40
– subtomentosus 40

Pilze sicher bestimmen

Ewald Gerhardt
BLV Handbuch Pilze
Das umfassende Nachschlagewerk: rund 600 Pilzarten in Farbfotos mit Informationen zu Aussehen, Geruch, Geschmack, Vorkommen, Verwechslungsgefahr, Speisewert, mögliche Giftwirkung usw. – mit Bestimmungsschlüssel.

Ewald Gerhardt
Steinpilz, Pfifferling und Champignon
Die 30 wichtigsten Speisepilze sicher bestimmen, ähnliche Arten und giftige Doppelgänger erkennen; zu jeder Art: Bestimmungssteckbrief, Biologie, Verwertung, Brauchtum; die besten Pilzrezepte mit genauen Anleitungen zur Zubereitung.

BLV Bestimmungsbuch mit Schnellbestimm-System
Ewald Gerhardt
Pilze
Schnellbestimm-System mit den wichtigsten Speise- und Giftpilzen; Kennzeichen, Standort, Verwechslungsmöglichkeiten; naturgetreue Farbfotos, die sicheres Bestimmen ermöglichen.

Bestimmen auf einen Blick
Ewald Gerhardt
Heimische Pilze
180 wichtige, in Mitteleuropa verbreitete Pilze: Merkmale, Standort, Verbreitung, Verwechslungsmöglichkeiten, Verwendung, Speisewert, Giftwirkung. Mit Faltplan: alle Arten auf einen Blick, geordnet nach Ähnlichkeit.

Ewald Gerhardt
Der große BLV Pilzführer für unterwegs
Praxisgerechter, kompakter und umfassender Feldführer: über 1200 Arten mit über 1000 Farbfotos, Merkmalen, Vorkommen und Speisewert; Verwechslungsmöglichkeiten, ggf. Giftwirkung.

BLV Bestimmungsbuch
Hans Martin Jahns
Farne, Moose, Flechten
Mittel-, Nord- und Westeuropas. Mit 655 Farbfotos Die häufigsten Arten: Merkmale, Standort, Verbreitung, Biologie.

Im BLV Verlag finden Sie Bücher zu den Themen: Garten und Zimmerpflanzen • Natur • Heimtiere • Jagd und Angeln • Pferde und Reiten • Sport und Fitness • Wandern und Alpinismus • Essen und Trinken

blv

Ausführliche Informationen erhalten Sie bei:

BLV Verlagsgesellschaft mbH • Postfach 40 03 20 • 80703 München
Tel. 089/12705-0 • Fax 089/12705-543 • http://www.blv.de